JN258324

# 小さな建設業の 脱！どんぶり勘定

事例でわかる「儲かる経営の仕組み」

株式会社アイユート代表取締役
服部 正雄

# はじめに

ここ数年、建設業の倒産件数は減少の傾向にあります（**表1**参照）。2015（平成27）年の企業倒産件数は8517件で、うち建設業は1612件、18・9パーセントです。5年前の2010年では、企業倒産件数が1万1658件、建設業は3136件で全体の26・9パーセントを占めていました。全体の減少率が30パーセント弱であるのに対して、建設業は50パーセント弱の減少となり、現在は建設業界が好調であることを裏付けています。

しかし、今後の情勢を業界関係者に聞くと、多くの経営者が、「2020年の東京オリンピックまでは心配していないが、その後については、全体の仕事量が大幅に減少して、厳しい経営を余儀なくされるのでは」という予測を立てておられます。

その半面、長年、建設業を営まれている年配の経営者の中には、「仕事があれば何とか

**表1　年度別建設業倒産件数**

| 期間 | 建設業の倒産件数／倒産件数 | 割合 |
|---|---|---|
| 平成22年 1月～12月 | 3,136／11,658 | ＝ 26.9% |
| 平成23年 1月～12月 | 3,039／11,369 | ＝ 26.7% |
| 平成24年 1月～12月 | 2,731／11,129 | ＝ 24.5% |
| 平成25年 1月～12月 | 2,347／10,332 | ＝ 22.7% |
| 平成26年 1月～12月 | 1,859／9,180 | ＝ 20.3% |
| 平成27年 1月～12月 | 1,612／8,517 | ＝ 18.9% |

廃業等は除く、分母が1年間の倒産件数、分子が建設業の倒産件数
（帝国データバンク調べ 負債額1千万以上の倒産）

**図1　建設投資額（名目値）の推移**

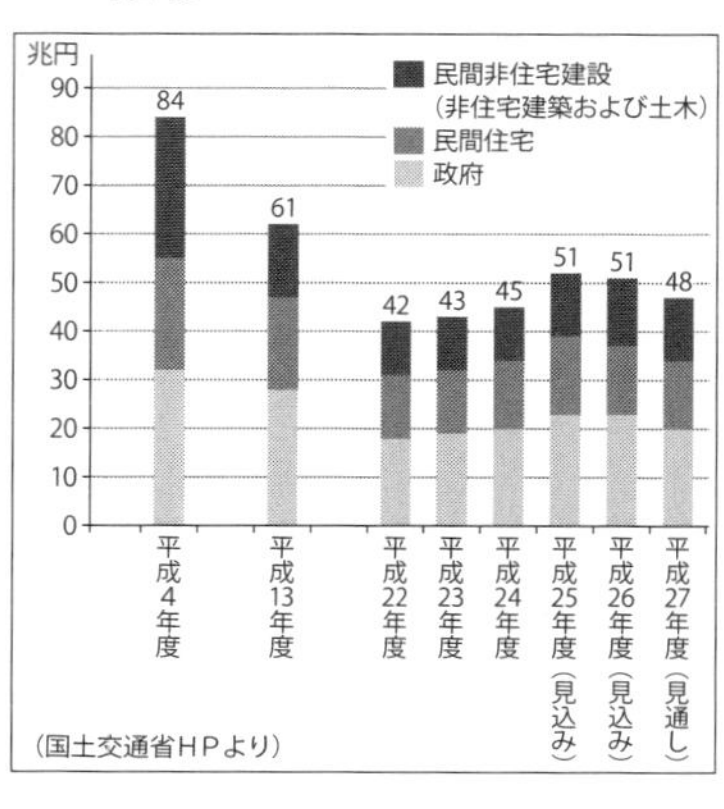


なる」と、会社が赤字続きで債務超過の状態でも、悠然と構えている方もおられます。

本当に、何とかなるのでしょうか？　もし、東京オリンピック後、業界全体の仕事量が少なくなるという予測が正しいとすれば、「仕事が少なくて、何ともならんわ」という非常事態が起こることへの危機感をもつべきだと思います。

また、建設業界の施工技術の革新は進んでいますが、会計の実務はＯＡ化が進んだだけで、会計の考え方は昔と何ら変わっていないのが現状です。

さまざまな会社の経営者とお話しさせていただくと、自らが勉強し、自社の改善に取り組まれているのは、比較的若い経営者で、当然ながら、そのほとんどが好業績の会社です。

私は、計数管理で「見える化」を行い、利益を必ず確保するという意識（利益意識）の向上が図れれば、会社の経営はよくなると確信しています。実際、私が指南させていただき、会社全体を巻き込んで経営改革に取り組んだところ、社員の利益意識が高くなり、粗利益率や債務超過も改善されたとの喜びの声をたくさんいただいています。

現在、赤字経営の経営者にも、何とかなるとお考えの経営者にも、この本をお読みいただき、危機意識をもってもらいたいと思います。経営者のみなさんが、自社の数字を理解し、経営改革の第一歩としていただければ幸いです。

服部　正雄

◉目　次

## 第2章 経理の弱い会社は倒産リスクが高い

## 第3章　年度利益計画の立て方

### 計画の実践できる会社は儲かっています



## 第4章　儲けを増やす方法

### 大事なのは粗利益

第5章

## 中小建設業は、何に努力すべきかを具体的に知る

# 第1章

# なぜ建設業に倒産が多いのか?

## 資金繰りが会社の生死を分ける

# 1 簡単なお金の流れをつかもう（入金∨出金）

建設業のお金の流れには、２つのパターンがあります。

①支出が先に発生するパターン

②先にお金が入り、支出が後になるパターン

①は、ゼネコンなどからの下請工事を請け負う会社に多く見られます。自社で抱える職人さんに支払うお金については、社員の給与と同じように、同月内の支払いが原則になります。また、材料費や協力業者さんに支払う外注費は、翌月払いが多いです。つまり、仕事を実施してから最低でも1カ月分のお金の立替えが、入金０円の状況で発生するわけです。

しかし、元請先からの工事代金の回収には時間がかかります。たとえば、元請先が「20日締めの翌月末日払い」という支払い条件の場合、最短でも40日の据え置き期間があります。

しかも請求額の査定によっては、満額支払ってもらえるとは限りません。元請先の中に

は、工事が完了しても、保留金と称して支払い総額の1割程度を、3カ月ほど保留する会社もあります。これは、下請会社の工事に問題が発生したときに備えるためです。

さらに元請先によっては、4カ月程度の手形や電子記録債権（手形・売掛債権の問題点を克服した新たな金銭債権）で支払われ、現金化するまでに日数を要するケースもあります。もし、手形の支払期日前に現金が必要な場合は、期日までの日数分の金利を割引料として銀行や金融業者に支払う必要があり、そのためのコスト負担は避けられません。

どれだけ手元現金を確保することが厳しいか、おわかりになるかと思います。


それに対して②の「先にお金が入り、支出が後になるパターン」は、住宅会社やリフォーム工事などの建設会社に多く見られます。発注主と直接契約を結ぶため、たとえば、契約時に工事代金の3分の1を受け取り、中間金として上棟時に3分の1を回収することも可能です。工事が完了すれば、すぐに住宅ローンなどで残金が回収できます。

一方、支払いの面では、完成時に協力会社などへの未払い金が半分くらい残っている場合があります。なかには、先に入金があるため、利益が上がったと勘違いされる経営者もおられます。

## 表2-①　工事別支払管理表

〈円〉

| 支払管理表<br>OBビル改修工事 | 予算額<br>注文金額<br>余剰金 | 2016/10月以前<br>累計支出<br>予算残高 | 2016/11月支出予定<br>累計支出<br>予算残高 | 2016/12月支出予定<br>累計支出<br>予算残高 | 2017/1月支出予定<br>累計支出<br>予算残高 |
|---|---|---|---|---|---|
| 工種　仮設工事 | 1,200,000 | 0 | 600,000 | 500,000 | 0 |
| 業者名　AB足場 | 1,100,000 | 0 | 600,000 | 1,100,000 | 1,100,000 |
| | 100,000 | 1,200,000 | 600,000 | 100,000 | 100,000 |
| 工種　基礎工事 | 1,600,000 | 0 | 0 | 1,600,000 | 0 |
| 業者名　GT基礎 | 1,600,000 | 0 | 0 | 1,600,000 | 1,600,000 |
| | 0 | 1,600,000 | 1,600,000 | 0 | 0 |
| 工種　内装工事 | 900,000 | 0 | 0 | 0 | 850,000 |
| 業者名　MMクロス | 850,000 | 0 | 0 | 0 | 850,000 |
| | 50,000 | 900,000 | 900,000 | 900,000 | 50,000 |
| | | | | | |
| | | | | | |
| | 14,680,000 | 300,000 | 3,800,000 | 7,900,000 | 2,000,000 |
| 工事合計 | 14,000,000 | 300,000 | 4,100,000 | 12,000,000 | 14,000,000 |
| | 680,000 | 14,380,000 | 10,580,000 | 2,680,000 | 680,000 |

## 表2-②　工事別支払管理表

〈円〉

| 支払管理表<br>丸太邸新築工事 | 予算額<br>注文金額<br>余剰金 | 2016/10月以前<br>累計支出<br>予算残高 | 2016/11月支出予定<br>累計支出<br>予算残高 | 2016/12月支出予定<br>累計支出<br>予算残高 | 2017/1月支出予定<br>累計支出<br>予算残高 |
|---|---|---|---|---|---|
| 工種　仮設工事 | 1,200,000 | 0 | 600,000 | 500,000 | 0 |
| 業者名　AB足場 | 1,100,000 | 0 | 600,000 | 1,100,000 | 1,100,000 |
| | 100,000 | 1,200,000 | 600,000 | 100,000 | 100,000 |
| 工種　基礎工事 | 1,600,000 | 0 | 0 | 1,600,000 | 0 |
| 業者名　GT基礎 | 1,600,000 | 0 | 0 | 1,600,000 | 1,600,000 |
| | 0 | 1,600,000 | 1,600,000 | 0 | 0 |
| 工種　内装工事 | 900,000 | 0 | 0 | 0 | 850,000 |
| 業者名　MMクロス | 850,000 | 0 | 0 | 0 | 850,000 |
| | 50,000 | 900,000 | 900,000 | 900,000 | 50,000 |
| | | | | | |
| | | | | | |
| | 14,680,000 | 300,000 | 3,800,000 | 7,900,000 | 2,000,000 |
| 工事合計 | 14,000,000 | 300,000 | 4,100,000 | 12,000,000 | 14,000,000 |
| | 680,000 | 14,380,000 | 10,580,000 | 2,680,000 | 680,000 |

## 表2-③　工事別入金予定表

〈円〉

| | 工事名 | 営業担当 | 請負金額 | 既入金額 | 10月 | 11月 | 12月 | 1月 | 2月 | 3月 |
|---|---|---|---|---|---|---|---|---|---|---|
| ゼネコン下請 | OBビル改修工事 | 山田 | 19,000,000 | 0 | 0 | 0 | 3,000,000 | 3,000,000 | 4,000,000 | 9,000,000 |
| 施主元請 | 丸太邸新築工事 | 花田 | 19,000,000 | 6,000,000 | 0 | 6,000,000 | 0 | 7,000,000 | 0 | 0 |
| | | | | | | | | | | |
| | | | | | | | | | | |
| | | | | | | | | | | |
| | | | | | | | | | | |
| | 合計 | | 400,000,000 | 20,000,000 | 40,000,000 | 90,000,000 | 35,000,000 | 80,000,000 | 50,000,000 | 85,000,000 |

## 表2-④　工事別支払予定表

〈円〉

| 工事名 | 工事担当 | 実行予算 | 既払額 | 10月 | 11月 | 12月 | 1月 | 2月 | 3月 | 余剰予定 |
|---|---|---|---|---|---|---|---|---|---|---|
| OBビル改修工事 | 森 | 14,680,000 | 0 | 300,000 | 3,800,000 | 7,900,000 | 2,000,000 | 0 | 0 | 680,000 |
| 丸太邸新築工事 | 安倍 | 14,680,000 | 0 | 300,000 | 3,800,000 | 7,900,000 | 2,000,000 | 0 | 0 | 680,000 |
| | | | | | | | | | | |
| | | | | | | | | | | |
| | | | | | | | | | | |
| | | | | | | | | | | |
| 合計 | | 320,000,000 | 15,000,000 | 25,000,000 | 70,000,000 | 60,000,000 | 70,000,000 | 70,000,000 | 6,000,000 | 4,000,000 |

また、資金繰りの厳しい住宅会社では、契約金を先に完成した別の工事の支払いに充てるため、利益度外視で営業に契約ノルマを与えるケースもあります。

以上が、おおまかなお金の流れです。中小建設業の場合は、工事のお金の流れを把握し、工事ごとに資金繰り表を作成しておくことが重要です（**表2参照**）。

**改善事例❶**

## 元請工事の受注比率を増やすこと

下請工事の施工を中心に成長してきたA社では、元請先からの回収サイトと協力業者などへの支払いサイトのズレから生じる資金不足が慢性化し、銀行借入の増額などでしのいでいました。

そこで改善策として、住宅の施工販売を徐々に増やすことにしました。時間はかかりましたが、住宅施工販売の売上比率が伸びるにつれ、少しずつ資金繰りが楽になっていきました。

このように、元請工事の受注比率を増やすことで、施主様との契約条件によっては、工事着工前に契約金が入ります。上棟時にも入金があり、完成後すぐに住宅ローンから入金になるなど、支払いよりも入金が先行する比率が高くなり、悪化していた資金繰りの好転が見込まれます。

## 2 儲かっていてもお金が足りないのはなぜ？

工事代金の回収と支払いのズレ以外に、売掛金の管理が不十分な会社があります。これには、大きく2つの理由が考えられます。

1つ目は、売掛先の締め日および支払い条件などをきちんと把握していないためです。売掛金の回収までの日数が長く、自社の支払いサイトと合わなければ、当然、資金不足が生じてしまいます。

たとえば、自社の支払い条件が「20日締めの翌月20日払い」で、売上先の支払い（入金）条件が「20日締めの翌々月10日払い」の場合を見てみましょう。

（例）
・9月20日に外注先から150万円の請求がある ⇩ 10月20日に150万円を支払う
・9月20日に売上先へ200万円を請求 ⇩ 11月10日に200万円が入金される
⇩10月20日～11月10日までの間、150万円の資金不足が発生！

これでは、主要な取引先や金額の大きな取引になればなるほど、資金不足が生じ、「勘定合って銭足らず」の状態になるのも不思議ではありません。

2つ目は、「どんぶり勘定」で、売掛金の内容を把握していないためです。

建設業では、工事ごとに請求金額と支払い金額が発生しますが、請求した金額が全額入金にならないケースが見られます。工事の査定残や完成後に支払われる予定の保留金の存在で、これらはいずれ入金になるので、管理ができていれば問題ありません。

一方、入金にならない元請先からの産廃処理費や、材料支給の金額などには注意が必要です。元請先では相殺扱いとなっていますが、自社の経理では、入金された金額のみを売掛金の回収金額として処理します。元請先から値引きなどが発生していても、経理的には未処理のため、いつまでも売掛金の残高として残ります。

売上に計上された売掛金（建設業では完成工事未収入金と表示）の中に、回収できない売掛金が含まれていた場合は、その分の消費税も納付することや利益から除くことが正しいのですが、未処理のため、正しくない利益が加算されることになります。

（例）
工事請負額　１００万円
材料支給額　10万円（相殺）
値引き　５万円
実際の受取額　85万円
この受領額を除いた15万円の会計処理を、値引きや材料相殺等で処理すべき。

売掛金と並んで、「勘定合って銭足らず」の理由に、「未成工事支出金」の問題があります。

「未成工事支出金」とは、売上になる前の工事代金の立替え金です。つまり、在庫商品と同じ意味で、貸借対照表上は会社の資産です。

ですから、支払った工事代金分のお金は減るわけですが、完成するまで会社の財産として計上され、原価（経費）の扱いになりません。

また、工事は実施していますが、クレームや元請先がお客様から未回収のため支払っていただけないなど、元請先に請求できない工事代金があります。これらは、そのまま「未成工事支出金」として計上されているため、経費として処理されていない場合があります（「未成工事支出金」から除けば、完成工事原価に入るため、当期の原価に算入されます）。

たとえば、不動産会社がたくさんの不良在庫を抱えて資金繰りに行き詰まり、倒産に至るように、黒字倒産ということになります。会社は、赤字では倒産しません。お金が不足したときに倒産するのです。

改善事例❷

## 原価管理ソフト導入で請求もれをゼロに

専門工事業の年商8億円のB社では、契約書などのない小規模工事については、元請先の担当者からの要請で先行して工事を進めています。それらについて、注文書が未着で請求できない事例も発生していましたが、詳細を把握するための仕組みがありませんでした。

この問題を改善するために、原価管理ソフトを導入して、すべての工事に工事番号を付け、工事ごとの原価の把握をしたところ、請求もれがなくなりました。

毎月、「未成工事支出金」の内訳書を作成して、工事部担当者や工事部長などが元請先に注文書の未着物件を問い合わせ、注文書の発行を依頼します。その結果、工事代金の請求・回収がもれなくできるようになりました。

元請先の都合で回収が難しい工事は、社長に報告の上、決裁を仰いで完成工事原価に振り替えるよう、仕組み作りも整いました。

このように、小さい工事の代金回収が促進されると、利益率の改善が図れると同時に、回収不可の工事代金を完成工事原価にすることができます。未成工事の扱いから、当月の原価として処理できることで、不良在庫に等しい「未成工事支出金」がなくなり、正しい工事原価計上に改善できました。

## 3 建設業ならではの2つの勘定科目

建設業の特徴的な勘定科目に、「未成工事受入金」と「未成工事支出金」があります。

「未成工事受入金」とは、一般企業の前受金に相当するものです。発注者から、工事の完成前に、請負代金の一部を受領する場合などがこれにあたります。新築住宅やリフォーム工事などでは、契約時に契約金として代金の一部を受領するケースもあります。

ゼネコンなどからの下請工事の場合には、工期が長く、下請会社の立替えが多くなるため、出来高と称して工事代金を分割して受領します。いずれの場合も、工事の完成時には完成工事高（売上）に充当します。

「未成工事支出金」とは、売上になる前の工事代金の立替え金のことで、未完成工事に要した工事原価項目を集計し、棚卸資産として計上するものです。材料費・労務費・外注費・経費などに分類して管理する必要があります。税理士さんによっては、これを仕掛工事という科目で取り扱う場合もあります。

「未成工事受入金」と「未成工事支出金」、この2つの項目がほかの業種にはなく、中小建設業の経理が資金の管理が十分にできずに「どんぶり勘定」になりやすい理由です。

これまで私が担当してきた建設会社の多くは、決算時に「未成工事支出金」を手で拾い、計算して税理士さんの決算処理に用いていますが、拾いもれが多発して、正しくない決算書になっています。

また、「未成工事支出金」や「未成工事受入金」の勘定科目がない、商業簿記的な決算書も少なくありません。経理体制が整っていない会社では、「未成工事受入金」の勘定科目がなく、得意先への請求高や入金高を、すべて売上として処理している会社もありました。

それらは正しい決算とはいえず、「未成工事支出金」の計上もれなどは税務調査で指摘され、修正申告を余儀なくされます。

とくに規模の小さい建設会社は、未成工事の把握が重要です。なぜなら、未成工事を把握しないまま会社の規模が大きくなった場合、実際の利益との乖離(かいり)が大きくなるからです。実際の経営状況がわからないまま、会社規模が拡大するのは非常に危険です。

**改善事例❸**

## 専用ソフトで正しい試算表に

土木工事業と建築工事業の年商10億円のC社では、決算まで「未成工事受入金」と「未成工事支出金」の把握ができず、毎月の試算表が正しいとはいえませんでした。

公共工事などの前受金を「未成工事受入金」として処理せずに、売上高で計上していたため、期中は大きく利益が発生して、税金対策なども考えていました。

しかし、前受金として入金していた工事代金を、決算時に売上高から「未成工事受入金」に振り替えたため、大きく利益が減少して赤字になってしまいました。

そこで、専用ソフトを使って「未成工事受入金」と「未成工事支出金」を毎月の試算表に反映するようにしたところ、決算時と同じように正しい試算表が作成できるようになりました。業績をタイムリーに把握できるようにもなり、結果として、銀行からの評価も高まりました。

このように、「未成工事受入金」と「未成工事支出金」の2つの勘定科目の処理次第で、建設業の利益は変わります。「脱!どんぶり勘定」の肝といえるでしょう。

## 4 工事代金は素早く回収、支払うお金は慎重に

ここまでで、建設業の入金と出金のズレが資金繰りを切迫させる原因であることは、ご理解いただけたと思います。では、入金と出金のズレを防止するための事例を解説していきましょう。

ポイントは、「工事代金は素早く回収、支払うお金は慎重に」です。

リフォーム工事の際、発注主への請求書の発行が遅い会社が珍しくありません。なぜなら、契約書がなく、事務方が請求書をスピーディーに提出できる仕組みができていないためです。

施工後、工事担当者が、材料の納入先や協力会社などからの請求金額をまとめ、原価を算出してから事務に指示するため、どうしても時間がかかります。

一方、下請工事を請け負う会社では、元請先からの注文書で請負金額が確定する仕組みがあります。しかし、その回収には、やはり時間がかかります。

たとえば、工事が終了しても、元請会社などから注文書が到着するのが約2カ月後ということがあります。その後請求書を提出し、翌々月に支払われた場合、工事代金の回収に半年かかるわけです。

なぜ、元請会社からの注文書の到着が遅いのでしょうか？　元請会社も、お客様との契約後に自社の実行予算を組んで、さらに社内の決済ルートを経由して施工会社へ支払う金額が確定します。

でも、その段階では工事は終了しているので、下請工事を請け負った会社では材料の購入費や職人さんへの支払いなど、立替え金がすでに発生しています。繰り返しになりますが、入金と出金のズレの発生です。

土木工事や建築工事など、元請先から専門工事を請け負うサブコン的な立場の会社でも、現場では先に工事が始まります。金額が決まらないまま始まることもあり、元請先の監督から指示が出て、現場では着々と工事が進行します。

大手の元請会社では、社内の決済ルートを経由するために実行予算の決済に時間がかかり、利益が乏しいと思われる工事ではとくに、原価の低減策などの知恵を絞るために決済に日にちがかかります。

最悪の場合は、工事が完了したものの、注文書が出ずにお金がもらえないというケースも散見されます。これは建設業の悪しき慣習で、ほかの業界ではほとんどないことかもしれません。

「予算がないので、今回は貸しにしておいてください。今度、利幅の大きい工事があったときに、見積もり金額より多く注文書を切ってお返ししますから」

そんな話が、まかり通っているのです。

本当に返してもらえたかどうかは、「どんぶり勘定」ではわかりません。残念ながら、返してもらう前に担当者が転勤や退職してしまい、不良債権となっているケースも多く見られます。

代金を素早く回収することがいかに重要で、容易ではないことがおわかりいただけたかと思います。


中小建設業においては、自社で抱える一人親方の職人さんへの支払いは、社員の給与と同様に、同月内に現金払いというケースが多くあり、どうしても「支出は早く、回収は遅く」になってしまいます。さらに、請求書のチェックが甘い会社も少なくありません。

私が担当していた会社で、実際にあったケースをいくつかご紹介します。

◆D社のケース

職人さんが数名いる外注先のE社から、毎月、エクセルで作成された請求書が届いていました。E社は、前月のエクセル請求書をコピー&ペーストして日付を修正し、請求内容を上書きしていたようです。

ところが、毎月一番下の行の項目がコピペされたまま残り、数カ月間ずっと請求され続けていたのです。D社側は請求内容のチェックが不十分で、請求された金額をそのまま支払っていました。私が気付いて指摘しなければ、もっと長い間、重複したまま払い続けていたかもしれません。

## ◆F社のケース

材料の仕入れ先であるG社への支払い条件は「20日締めの翌月20日払い」でしたが、11月は20日が休日だったため、10月20日締め分を11月21日に支払いました。

ところが12月、G社から届いた11月20日締め分の請求書には、前月繰越額（10月請求額）と当月仕入分の請求額（11月請求額）が合算されて、今回請求額として表示されていました。それに気付かず振り込んでしまったため、10月分を2回支払っていました。

## ◆H社のケース

元請先のI社から、５００万円の工事代金を5回に分割して、毎月１００万円ずつ振り込まれることになっていました。しかし、I社の経理のミスで、6カ月目も100万円の振り込みがあったのです。

100万円もの過入金なんて考え難い話かもしれませんが、5カ月続けて振り込み手続きを行っていたため、うっかり振り込んでしまったのでしょう。慣れとは怖いものです。

改めて申し上げるまでもありませんが、お金を支払うときも、受け取るときも、くれぐれも慎重に。念には念を入れて確認しましょう。

## 改善事例❹

### 打合せ内容の記録で回収率のアップ

土木の下請工事業のJ社では、元請先の担当者からの仕事の指示が、電話など口頭で行われることがほとんどでした。書類を交わすことなく現場作業に着手し、工事が終了しても、元請先からの注文書が届かないことがあります。請求書を提出しても、元請先の都合によって数カ月遅れて支払いが完了するケースも珍しくありません。

そこで改善策として、電話などによる指示で現場作業を進める場合は、仕事内容や打合せの概要を必ず記録するようにしました。次回、元請先の担当者に会った際に、お互いに内容の確認を取り、2枚複写のメモを作成してサインを取り交わすように決めました。

その結果、元請先の担当者にはプレッシャーを与えることができます。J社もそのメモを代金が回収できるまで保管しておけば、請求・回収できていない工事がすべてわかります。貸し借りの分がお互いハッキリすることになり、回収率がアップしました。

**改善事例⑤**

## 日報内容の改善で請求業務の迅速化

リフォーム工事業のK社では、工事代金の請求書の作成が非常に遅く、たびたびお客様から請求書の督促を受けたり、請求書の発行前にお客様が見積書の内容で振り込んでくださったりしていました。

改善策として、現場担当者が日報を書く際に、日時と場所に加えて、当日の仕事内容、下請の協力業者の社名や担当者名、材料の手配先などを記入するよう習慣づけました。その日報を見て、現場担当者のサポートをする事務員さんが、協力会社から見積書などを取り寄せておき、現場監督がそれらを確認しながら請求書を速やかに発行できるようになりました。

また、お客様あての請求書に支払期日の欄を設けて、早期のお支払いを促すとともに、支払い予定日に入金がなかった場合は、資料をもとに事務方から督促ができる仕組みを作りました。

その結果、お客様に請求書の発行をお待たせしたり、督促されたりすることがなくなりました。資金繰りの面でも、早く回収できることで余裕が生まれ、回収遅れの確認など、不明な売掛金の排除ができるようになりました。

改善事例❻

## 請求書の取り扱いルール決めで工事管理・回収が改善

専門工事業のL社では、協力業者から請求書が届くのが遅く、毎月の支払い額の確定が遅れ、資金繰りにも悪影響がありました。

「月末締めの翌月末払い」が支払条件でしたが、ひどいケースでは、支払い日の前日に協力業者の方が前月分の請求書を持参し、「何とか月末に支払ってください」とお願いされることもありました。L社の現場担当者らは、普段から仕事で無理を聞いていただいているので、「何とかお願いします」と社長に頼み込むわけです。となると、経理としては、支払い予定金額の増額などの対応が必要になってきます。

なかには、協力業者から見積書が出されていても、担当者が金額の返事を忘れているなど、先方が請求書を出せない原因が自社側にあった例も見受けられました。

改善策として、協力業者からの請求書の到着締め切り日を翌月5日必着と定め、6日以降に到着した請求書は次の月に回すというルールを作りました。すると、自社の担当者は、自分が返事をしないことで協力業者さんが困ることを理解し、できるだけ早く連絡をするようになりました。

また、協力業者の資金事情を考慮し、請求書が遅れた場合の特例救済策として、請求金額の範囲内で、前払金のような形でとりあえず支払うことにしました。翌月、正しい請求額から前払金の分を相殺し、差額を支払うことで、協力業者のピンチを救うことができます。事務処理面でも改善を図ることができました。

さらに、到着した請求書をまずエクセルの一覧表にして、最大支払い金額を確定することにしました。これによって、経理は翌月の最大支払い資金がわかります。その後、工事担当者に決済印をもらうのですが、その際に工事名と工事番号の記入を義務づけました。

事務は専用ソフトでそれを工事番号ごとに入力して、工事台帳を作成します。工事別・担当者別の一覧表から、請求済みの工事は完成扱い、未請求の工事は未成工事として表示すれば、未請求の工事を確認することができ、請求もれの防止につながりました。元請先ごとに、回収不可工事の把握と回収促進にもつながりました。

結果、資金繰り面でも成果が表れ、工事管理面と回収面でも改善が図れました。元凶となっていた協力業者の請求のルーズさと、それを認めていた会社の甘さ、支払いのルールがなかったことを、社長は反省しておられました。

## 5 取引先の信用度を簡単につかむ方法

発注者が建築主（個人客）の場合は、契約金や中間金、完成金が住宅ローンなどから入金になり、倒産など不良債権になるリスクは少ないのですが、建設会社など下請工事の場合には、お客様の状況を知らずに取引し、不渡りをつかまされて痛い思いをされる会社があります。

専門工事会社のM社では、新規の取引先からの発注をとても喜んでいました。しかし、工事を完成させて請求書を送付しても、予定の日時に支払いが実行されませんでした。催促をしても支払われません。しばらくすると、弁護士名の入った自己破産申請の通知書が届き、結局、一度も入金されることなく、相手は倒産しました。

推察するところ、支払いの遅延が続き、従来の取引先に仕事を受けてもらえなかったため、M社に発注したのではないでしょうか。新規の取引先から仕事を受注する際は、相手の信用度を把握しておく必要があると痛感しました。

これまで、取引先の経営状況などを知らずに仕事をしている会社を多く見てきました。協力会社など、仕入先の場合は金銭的なリスクは少ないのですが、工事の最中で協力会社が倒産し、その現場を完成させるために、途中から違う業者に引継ぎをお願いするケースがあります。

その場合、やはり現場の施工方法や今までの工事の進行状況の確認など、大幅なロスが発生して、大きな赤字を出した事例も見ています。

では、取引先が信用できる会社かどうか、どうすればわかるのでしょうか。

建設業の場合は、幸いなことに建設業許可があります。都道府県の許可業者であれば、県庁などの建設業許可の担当部署に出向けば、無料で許可内容が閲覧できます。毎年、事業年度終了届といって、1年間に施工した工事経歴書や決算成績（貸借対照表・損益計算書・製造原価報告書・利益処分など）の報告が義務づけられており、それらの資料も閲覧することができるのです。

信用調査機関も、調査先の会社から決算書の公表を拒まれても、これらの閲覧で会社の信用調査の裏付けをとることができます。

■建設業の許可について

建設業許可の種類は、土木一式工事（土木工事業）、建築一式工事（建築工事業）、大工工事（大工工事業）、左官工事（左官工事業）、とび・土工・コンクリート工事（とび・土工工事業）、石工事（石工事業）、屋根工事（屋根工事業）、電気工事（電気工事業）……など、29業種あります。

建設業を営む場合は、元請・下請を問わず、建設業の許可を受けなければなりません。

建設業許可のない業者は、５００万円（消費税含む）未満の軽微な建設工事しか請け負うことができません。建築一式工事の場合は、１件１５００万円（消費税含む）未満の工事、または木造住宅で延べ面積１５０平方メートル未満の工事です。

これ以上の工事を請け負う場合は、建設業許可が必要です。

## ■建設業許可の2つの区分

### ①一般建設業許可

一般建設業許可は、「軽微な建設工事」以外の工事を受注することができます。建設工事を直接受注し、自ら施工する場合、金額の制限を受けることはありません。また、下請業者には次に説明する特定建設業許可は必要ありませんので、下請としてだけ営業しようとする場合は、一般建設業許可で十分です。工事を元請として受注し、下請に発注する場合は、合計額が4000万円（建築一式工事の場合は6000万円。いずれも消費税含む）未満の工事を請け負うことができます。それ以上の金額の工事を下請に出す場合は、特定建設業許可が必要です。

### ②特定建設業許可

特定建設業許可は、元請として工事を受注する場合のみの要件です。前述した通り、発注者から直接請け負った1件の工事につき、下請に出す代金の合計額が4000万円（建築一式工事は6000万円。いずれも消費税含む）以上となる場合、特定建設業許可が必要です。

・500万円（消費税込）未満の軽微な建設工事のみ行う場合⇩許可は不要

・下請工事のみ行う場合⇩一般建設業許可

・工事を元請として受注する場合

下請に発注する合計金額4000万円（消費税込）未満⇩一般建設業許可

下請に発注する合計金額4000万円（消費税込）以上⇩特定建設業許可

＊建築一式工事の場合は、前記の金額が6000万円（消費税込）になります。

特定建設業許可の趣旨は、

・下請業者の保護

・建設工事の適正な施工の確保

です。ですから、許可要件の財産的要件と専任技術者の要件は、一般建設業許可より特定建設業許可の方がより厳しい要件が求められています。

また建設業許可には、知事許可と大臣許可があります。営業所の所在地と同じ都道府県

## 表3　建設業許可（登録）業者数

| 年度 | 総数 | 大臣許可 | % | 知事許可 | % | 特定 | % | 一般 | % |
|---|---|---|---|---|---|---|---|---|---|
| 平成2年 | 508,874 | 8,944 | 1.76% | 499,930 | 98.24% | 33,363 | 6.34% | 493,200 | 93.66% |
| 3年 | 515,440 | 9,022 | 1.75% | 506,418 | 98.25% | 34,618 | 6.49% | 499,103 | 93.51% |
| 4年 | 522,450 | 9,124 | 1.75% | 513,326 | 98.25% | 36,325 | 6.71% | 505,064 | 93.29% |
| 5年 | 530,665 | 9,332 | 1.76% | 521,333 | 98.24% | 38,315 | 6.96% | 512,138 | 93.04% |
| 6年 | 543,033 | 9,619 | 1.77% | 533,414 | 98.23% | 40,473 | 7.18% | 523,566 | 92.82% |
| 7年 | 551,661 | 9,871 | 1.79% | 541,790 | 98.21% | 42,860 | 7.47% | 531,005 | 92.53% |
| 8年 | 557,175 | 10,062 | 1.81% | 547,113 | 98.19% | 45,124 | 7.77% | 535,558 | 92.23% |
| 9年 | 564,849 | 10,485 | 1.86% | 554,364 | 98.14% | 46,575 | 7.90% | 542,733 | 92.10% |
| 10年 | 568,548 | 10,724 | 1.89% | 557,824 | 98.11% | 47,476 | 8.00% | 546,123 | 92.00% |
| 11年 | 586,045 | 10,815 | 1.85% | 575,230 | 98.15% | 48,971 | 8.00% | 563,108 | 92.00% |
| 12年 | 600,980 | 10,899 | 1.81% | 590,081 | 98.19% | 50,141 | 7.99% | 577,709 | 92.01% |
| 13年 | 585,959 | 10,877 | 1.86% | 575,082 | 98.14% | 50,002 | 8.16% | 562,892 | 91.84% |
| 14年 | 571,388 | 10,909 | 1.91% | 560,479 | 98.09% | 50,601 | 8.45% | 548,067 | 91.55% |
| 15年 | 552,210 | 10,630 | 1.92% | 541,580 | 98.08% | 50,436 | 8.70% | 528,981 | 91.30% |
| 16年 | 558,857 | 10,572 | 1.89% | 548,285 | 98.11% | 50,988 | 8.69% | 535,571 | 91.31% |
| 17年 | 562,661 | 10,607 | 1.89% | 552,054 | 98.11% | 51,176 | 8.67% | 539,212 | 91.33% |
| 18年 | 542,264 | 10,541 | 1.94% | 531,723 | 98.06% | 50,638 | 8.89% | 518,911 | 91.11% |
| 19年 | 524,273 | 10,257 | 1.96% | 514,016 | 98.04% | 49,456 | 8.98% | 501,096 | 91.02% |
| 20年 | 507,528 | 10,076 | 1.99% | 497,452 | 98.01% | 48,138 | 9.04% | 484,649 | 90.96% |
| 21年 | 509,174 | 9,896 | 1.94% | 499,278 | 98.06% | 47,434 | 8.88% | 486,466 | 91.12% |
| 22年 | 513,196 | 9,780 | 1.91% | 503,416 | 98.09% | 46,661 | 8.68% | 490,895 | 91.32% |
| 23年 | 498,806 | 9,735 | 1.95% | 489,071 | 98.05% | 45,305 | 8.67% | 477,102 | 91.33% |
| 24年 | 483,639 | 9,746 | 2.02% | 473,893 | 97.98% | 43,753 | 8.64% | 462,538 | 91.36% |
| 25年 | 469,900 | 9,790 | 2.08% | 460,110 | 97.92% | 42,834 | 8.71% | 449,125 | 91.29% |
| 26年 | 470,639 | 9,811 | 2.08% | 460,828 | 97.92% | 43,061 | 8.74% | 449,671 | 91.26% |
| 27年 | 472,921 | 9,833 | 2.08% | 463,088 | 97.92% | 43,572 | 8.80% | 451,637 | 91.20% |
| 28年 | 467,635 | 9,927 | 2.12% | 457,708 | 97.88% | 43,949 | 8.97% | 445,937 | 91.03% |

※各年3月末現在　特定と一般の合計が許可業者数より多いのは、重複所持の会社があるため

（国土交通省HPより）

内のみで建設業を営む場合には、知事許可が必要です。本社など主たる営業所を置いた都道府県と、それ以外の都道府県にも営業所を設けて建設業を営むには、国土交通大臣の許可が必要です。

その割合は、

大臣許可　　約2パーセント
知事許可　　約98パーセント
特定建設業許可　約9パーセント
一般建設業許可　約91パーセント

となり、圧倒的に中小の建設業が多いことがわかります（表3参照）。新規で許可を取得する場合、そのほとんどが一般建設業許可といえるでしょう。

話を戻しますと、新規の取引先からの受注時には、建設業許可の種類や許可番号を、名刺やホームページから調べて県庁などで閲覧してくることをおすすめします。

そういった業績的な側面と、もう1つは、実際に社長が会社に訪問して、その会社の雰囲気や仕事の種類、どんな工事を中心に営業しているか、相手の社長はどんな方かなどを肌で感じることも大切です。

ややもすれば、建設会社の経営者の中には、取引先を熟知するという社長本来の仕事をおろそかにする方が多く存在します。取引先の状況は、会社のリスク判断には不可欠なことだと思います。

## 改善事例⑦

## 中小企業倒産防止共済と取引先与信制度の活用を

専門工事業の年商12億円のN社では、取引先の倒産など、不良債権の発生がたびたびありました。取引先の倒産は、金額によっては連鎖倒産という最悪の事態も考えられる大きなリスクを伴います。

そこで、2つのリスクヘッジ策を打ち出しました。

### ①中小企業倒産防止共済に加入

ご存じの方も多いと思いますが、簡単にご紹介しますと、万が一、取引先が倒産したときには、掛金の10倍の範囲内で、最高8000万円まで無担保・無保証人で貸付が受けられます。最高で月額20万円まで掛けることができ、掛金は全額必要経費となります。

経費として落としながら、掛金の納付が12カ月分以上あれば、解約時には80パーセント以上の解約手当金を受け取ることができるなど、税金面・資金繰り面でも大きなメリットがあります。ただし、掛金の納付が11カ月以下だと、解約手当金はゼロになりますので要注意です。

## ②取引先与信制度の導入

まず新規の取引先には、大手の信用調査機関の調査資料を取り寄せます。その評点や取引先の状況などと決算書の財務内容を分析して、一定の金額を決めます。

Sランクは、役所や上場企業の中でも優秀な先に限定します。一応、無制限に近いのですが3億円としました。

Aランクは、調査機関の評点が高く、財務内容が優秀な取引先で1億円が限度です。

続いてBランクは5000万円、Cランクは3000万円など。

限度枠を超過する取引をする場合は、社長の事前決裁を得ることが義務づけられました。

そして毎年、建設業の事業年度終了届の資料を更新して、財務内容の変化に対応していきます。

この制度を導入したメリットは、経理部長だけでなく、営業部や工事部の管理職が与信に対して関心を払う必要性、経営の一部を担うという気持ちが出てきたことと、営業担当者がその会社の動きなどに注意を払うようになったことです。

中小建設業では一歩進んだ仕組みができたと社長は喜んでいました。商売にリスクはつきものですが、リスクからなるべく遠ざかる努力は必要です。

column 1

## 建設業許可・経営業務管理責任者を取得するための必要条件

建設業許可を取得しようとする際、多くの方が、一般建設業許可と知事許可が必要になるかと思います。その上で、29種類ある業種のうち、必要となる業種ごとに建設業許可を取らなければなりません。取得できる業種の数に制限はなく、要件さえ満たせば、複数の業種を取得することができます。

建設業許可を取得するための主な要件は、次の4つです。

①経営業務管理責任者――経営業務管理責任者が役員として常勤でいるか。

②専任技術者――業種ごとに定められた資格を所持しているか。10年以上、許可を受けようとする建設業種で勤務していたか。

③誠実性――過去に法律違反などを犯していないか。

④財産的基礎――銀行口座の残高が500万円以上あるか。

経営業務管理責任者になるためには、許可を受けようとする業種で、5年以上、経営業務管理責任者としての経験（もしくは同等以上の能力があること）が必要です。

つまり、建設会社社員を経て独立した場合、建設業許可を取るための最も大きなハードルは、経営業務管理責任者の項目なのです。自分自身が要件を満たしていない場合、要件を満たしている人を役員として自社に招へいするか、5年の期間が経過するまで許可取得を待つしかありません。

私の知る例でも、ある会社のやり手の工事部長が独立しましたが、当初は建設業許可がないため、許可の要らない小規模工事しか受注できませんでした。

また別の会社では、傾いた建設会社の経営権を異業種の社長が取得したのですが、建設業の経験がないため、経営業務管理責任者になれず、元役員を再び役員として雇用し、経営業務管理責任者に就任させました。

社長が急逝してご子息が跡を継がれた会社では、ご子息が修業中だったため、まだ役員にはしていませんでした。そこで、番頭的な立場であった役員が、経営業務管理責任者となりました。

このように、実際の経営者と経営業務管理責任者とが異なるケースが、往々にしてあります。建設業で独立・開業を目指す方、建設業のオーナー経営者になろうとされる方、後継者のご子息を役員にしていない経営者の方は、建設業許可の要件について、よく理解しておいてください。

# 6 お金をたくさん集める方法

まず、中小建設業の経営者が、借金について基本的なことを勘違いされている例をご紹介します。

「服部さん、今期は借金をたくさんしたので赤字だわ」また逆に、「今期は借金を返したので赤字だわ」そんな言葉をよく耳にしますが、借金をしても借金を返しても、利益には関係ありません。

お金がいくら足りないか、いくら増えたか（キャッシュフロー）の話と、いくら売り上げていくら儲かったかの収益の話を正しく理解されていない経営者がおられます（図2参照）。

なかには、「景気が悪くなるので、早く借金を返さないかん」と言われた方もいます。

景気が悪くなるときに借金を返して、業績の低下から資金不足に陥った場合、借入が可能でしょうか？　逆に「これから景気が悪くなるので、銀行が融資をすすめてくれる今、お金を借りておけば業績が悪くなっても資金的にはやり切れる」という考え方のほうが、会社のリスクを少なくするのではないでしょうか。

「借入金が増える」＝「入金」です。「借入金の返済」＝「出金」です。会社経営には、入金＞出金であることが必要です。入金＜出金では、会社の資金繰りに窮することになります。

おさらいすると、今は景気がよいけれどこれから景気が悪くなりそうなときは、銀行が融資をすすめてくれるうちに借金をして、手元に現金を確保することです。そのための金利は、資金繰りに備える保険料のようなものだと思ってください。

ある会社の例ですが、社長は、ほかの事業でたくさんの資産をお持ちで、

### 図2　収支と収益の違い

お金がいくら足りないか
また、いくら増えたか（キャッシュフロー）〈収支〉
ということと
いくら売り上げて、いくら儲かったか〈収益〉
は、まったく別です

資金は現金主義
利益は発生主義
〔建設業は、
完成して売上が発生〕

**だから資金管理は重要です！**

10万円の商品を2個仕入れ、そのうち1個を15万円で売りました。
経費は2万円です。利益はどれも　15万円－10万円－2万円＝3万円
資金は、4パターン。〔経費は現金支出〕

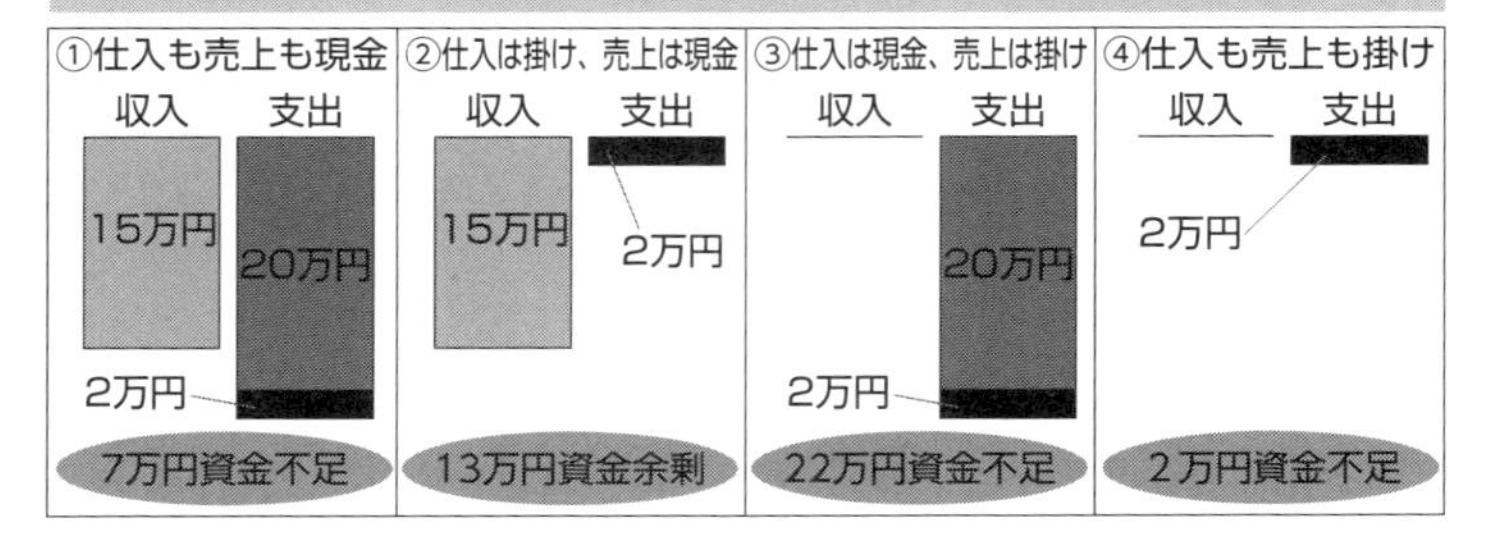

経営危機に陥った建設会社を救うべく、その会社を買い取り、自らオーナー社長として就任しました。

しかし、建設業の経験があるわけでもなく、経営改善が上手く進みません。赤字はどんどん膨らみます。銀行からも、新規の融資は受けられません。ところが、会社は大丈夫です。

なぜなら、資金繰りに窮したときに、幹部社員を叱ることはあっても、会社を潰すわけにはいきませんから、自分のお金を貸すことで会社の資金を回しているからです。

赤字では会社は潰れません。お金が足りなくなったときに会社は潰れるということを、肝に銘じていただきたいと思います。

もう1つ、中小建設業の社長は会社の債務保証もするわけですから、会社＝社長個人というのが実際の考え方になると思います。

そこで、ネガティブな話ですが、社長個人に、会社が資金に窮したときにいくら貸すお金があるのか、個人資産でどのくらい会社へ担保の提供ができるのかが重要になります。

なぜなら、これらも会社の資金調達力となるからです。

上場会社の社長と違って、中小企業の社長は、会社が倒産すれば社長個人も自己破産の申請をするしかありません。そうならないために、自分の資金調達力を把握しておくことも重要事項の1つです。

話を本題に戻して、会社の資金調達能力を高める2つの方法をお伝えします。

最初におすすめしたいのは、社長や奥様役員の給料を今より多く取ることです。仮に、月150万円増額したとします。所得税や住民税、場合によっては社会保険料などの控除金額が増えるかもしれませんが、それらを引いて月100万円の手取り額が増えたとします。

その増えたお金を、自身の生活レベルのアップに使うのではなく、貯蓄してください。増えた分の毎月100万円を取引銀行で定期預金にすると、1年で1200万円、10年で1億2000万円、個人のお金が増えることになります。

当然、取引銀行の信用は高くなります。年額1800万円、今より会社の稼ぎを多くする。自分にとってやらなければならない目標だと考えれば、さらにモチベーションが高まると思います。ただ、生活レベルが一度上がり生活費が膨らむと、下げなければならないときに辛いので、家庭には持ち込まず別の財布での管理が必要です。

建設業では、領収書のいただけない、経費に算入できないお金がどうしても発生します。それらを会社の会計から捻出すると、経費を否認されて余計な税金がかかったり、会社の決算書に仮払金など不信感をもたれる勘定科目で残ることになります。

これでは、税金面だけでなく、銀行取引など信用面でも大きな不利益を被ります。そこで、こうしたお金を社長個人の財布から支出すれば、会社にとってプラス面が大きくなります。


2つ目は、当然ながら銀行借入による資金調達能力の向上です。銀行があなたの会社を評価する方法として、「定量分析」と「定性分析」についてお話しします。おおむね、定量分析が70パーセント、定性分析が30パーセントの比率を占めているといわれています。

「定量分析」とは、数字で表すことができるもの、つまり決算書などの財務分析のことと考えていいと思います。しかし、自社の数値的部分をほとんどの社長が知らないという事実があります。売上を知らない社長はいませんが、売上の内容、公共工事が○パーセント、ゼネコンの下請が○パーセント、直ユーザーは○パーセント、粗利益率となるとほとんどの方がわかりません。

自分の会社の借入残高も、借入時に保証人の印鑑を押しているのに頭に残っていません。財務分析などについては、第2章の「4見栄えのよい決算書の作り方」で詳しく説明いたします。

社長の評価という点も含めて、話を「定性分析」に移します。定性分析とは会社の評価で、決算書以外の部分の分析のことです。

①外部環境……業界の動向や競合状況、地域特性など
②内部環境……主要取引先や業歴、シェアの割合、販売力や技術力、組織や社内体制
③経営力……経営理念の明確化や社内への周知、経営改善の取り組み、後継者、人材教育、銀行への情報開示など

これらは、ほとんどが社長や経営者を評価しているものです。項目を見て、自分はできていると感じた方は少ないのではないでしょうか。

今、この本を読んでいる経営者には、自分がやらなければいけない重要なことであると認識していただきたいと思います。勉強して強い会社にする。そんな意識をもって取り組

んでください。なぜなら、儲かっている社長のほとんどが、これらの分析ができているからです。

たぶんみなさんは、人材教育や経営計画の策定などのコンサル会社の営業を受けたことや、商工会議所のパンフレットなどを見たことがあると思います。自分から求めれば、経営者の集まりや勉強会は世の中にたくさんあります。勉強する意欲があればできることです。このことに気付くだけでも、この本を読んでいただいた意味があると思います。

## 改善事例❽

### 工事別の完成工事高や粗利益額の確認が重要

年商8億円の専門設備工事業のO社社長の話です。ほとんどが下請の仕事です。工事の売上高は、元請先ごとにわかる仕組みはありましたが、肝心の粗利益について把握できていませんでした。自社の施工分と外注の施工分、工事の種類も電気設備工事分と給排水設備工事分の2つあるためです。

社長としては、経営者の勉強会で聞いた「工事業は粗利益の確保が重要」との講師の言葉から把握を試みましたが、決算書や試算表からは合計しかわからず、内訳を知りたいと考えていました。

そこで、7年前に原価管理の専用ソフトを購入。運用が難しいためコンサルタントの協力を仰ぎ、毎月、試算表の中身である工事別の完成工事高や粗利益額の確認ができるようになりました。おかげで、決算の予測も可能になりました。

また、毎月、工事担当者を集めて、元請先別、仕事の種類別に、完成工事高や粗利益高の目標達成率がチェックできる会社になりました。

社員が数字に関心をもち、利益意識が高くなった結果、毎期確実に利益が出ています。自己資本比率も50パーセントくらいの素晴らしい会社になり、経営計画書も幹部社員を巻き込んで作成しています。

社長は社員を研修会に積極的に参加させて、人材育成に投資しています。自らも経営者の勉強会に参加して、常に外部の経営者と接点をもち、刺激を受けたり情報を仕入れたりしています。

そして、私が感心するのは、銀行に自社の数字や経営内容、ビジョンなどを的確に説明できることと、トイレ掃除の当番に社長も入っていることです。

column 2

## 労災保険料の申告にご注意を！　年度更新は元請工事の金額のみです

お客様の事務所で、事務員さんが作成中の労災保険料の年度更新手続き書類を拝見してビックリ！　なんと、下請工事の受注分も現場労災の工事名に入っており、元請、下請両方の施工金額が記入してありました。

そこで私は、「労災は元請会社が負担する仕組みで、万が一、下請の仕事で労災事故が発生しても、元請先の労災保険を使うことになります。したがって、保険料のもととなる金額は、元請の工事分のみを記入・集計すればＯＫです」と、ご説明しました。

事務員さんいわく、「今までこうやってきたし、事務組合の人にも書類を見せてから提出していたのに何も言われなかった」と、納得がいかない様子。事務組合に私の話の真偽を確認して、ようやく納得していただきました。

# 第2章
# 経理の弱い会社は倒産リスクが高い

# 1 簡単な建設業の資金繰り表作成

第1章で、建設業のお金の流れについてお話ししました。このお金の流れを管理して、いつお金が不足するか収入と支出を対比させ、過不足を調整します。不足した状況では倒産となるため、どう充足して運営していくかがポイントです。

資金繰り表のひな型はたくさんありますが、建設業に絞って、簡単な資金繰り表の作成方法を解説しましょう。

住宅や建築工事の施工会社が、9月末に5カ月先までの資金繰り予定表を作成する場合の例です。

第1章の第1節でご紹介した**表2**「工事別入金予定表」と「工事別支払予定表」（15ページ）が、大きな資金の収入と支出です。これを基本に、**表4**「資金繰り予定表」（59ページ）をご参照ください。

まず、前月からの繰越残高を確認します。この場合は1000万円です。

## 表4　資金繰り予定表

〈千円〉

| | | 10月予定 | 11月予定 | 12月予定 | 1月予定 | 2月予定 |
|---|---|---|---|---|---|---|
| | 繰越 | 10,000 | 10,000 | 19,000 | 27,000 | 17,000 |
| 入金 | 既契約入金 | 40,000 | 90,000 | 35,000 | 80,000 | 50,000 |
| | 小工事入金 | 2,000 | 2,000 | 2,000 | 2,000 | 2,000 |
| | その他入金 | 0 | 0 | 10,000 ※1 | 0 | 0 |
| | 入金合計 | 42,000 | 92,000 | 47,000 | 82,000 | 52,000 |
| 支出 | 10日給料 | 6,000 | 6,000 | 6,000 | 6,000 | 6,000 |
| | 20日経費、リース支払 | 5,000 | 5,000 | 5,000 | 5,000 | 5,000 |
| | 月末工事金支払 | 25,000 | 70,000 | 60,000 | 70,000 | 70,000 |
| | 月末返済利息 | 4,000 | 4,000 | 4,000 | 4,000 | 4,000 |
| | 月末社保家賃他 | 4,000 | 4,000 | 4,000 | 4,000 | 4,000 |
| | その他支出 | 3,000 | 3,000 | 3,000 | 3,000 | 3,000 |
| | 特別支出 | 0 | 1,000 ※1 | 7,000 ※2 | 0 | 0 |
| | 支出合計 | 47,000 | 93,000 | 89,000 | 92,000 | 92,000 |
| | 収支 | 5,000 | 9,000 | -23,000 | 17,000 | -23,000 |
| | 新規契約金 | 5,000 ※1 | 10,000 ※2 | 0 | 0 | 0 |
| | 借入 | 0 | 0 | 50,000 ※3 | 0 | 0 |
| | その他調達 | 0 | 0 | 0 | 0 | 0 |
| | 繰越 | 10,000 | 19,000 | 27,000 | 17,000 | -23,000 |
| | 備考 | ※1 山本邸 | ※1 労働保険料<br>※2 山田邸 | ※1 定期積立満期<br>※2 賞与予定額<br>※3 年末銀行借入 | | |

次に、入金の確認です。作成済みの「工事別入金予定表」（15ページ）の10月入金予定額は、4000万円です。契約外の小工事の予定が200万円と予測します。その他入金は、定期積立金の満期など、工事代金以外の入金があった場合に計上します。入金合計は、4200万円となります。

支出は、給料の支払いが600万円。リース料などの経費的な支出が500万円。作成済みの「工事別支払予定表」（15ページ）の10月予定額が、2500万円。借入金返済利息が400万円。社会保険料など月末の支払いが400万円。その他支出にあたる出張費など小口の金額を300万円と予測します。行数が多いのは、支出の日程順や内容別に分けてあるためです。これらを集計すると、10月の支出合計は4700万円となります。

繰越1000万円＋入金合計4200万円－支出合計4700万円＝500万円が、翌月への繰越額です。しかし、新築住宅の契約金が入金となり加算されるため、繰越額は1000万円となりました。

同様に、資金繰り予定表の11月、12月を見てみましょう。

11月は、特別支出として労働保険料の支払いが100万円、新規契約金の入金が100

0万円発生し、次月繰越額は1900万円です。支出の部は、工事金の支払い、労働保険料の納付以外は、ほぼ固定的な支出になり、毎月の予測も大差ありません。

12月は、賞与用に積み立ててあった1000万円が満期になり、その他入金として計上されます。支出には、賞与予定額の700万円を特別支出として計上。収支は2300万円の不足となります。

この不足を早めに察知することが、非常に重要なのです。この場合、銀行からの融資を5000万円予定しており、次月繰越額は2700万円となりました。


ここでは、建設業の特徴である工事代金の入金予定と支出予定のバランスが一定でないことが、大きな意味をもっています。この会社の例では、工事金の入金予定が4000万円⇩9000万円⇩3500万円……と、大きく変動します。工事金の支払い予定も、2500万円⇩7000万円⇩6000万円……と、毎月変動しています。建設業において、資金繰り表の作成が重要な理由の1つが、ここにあります。

9月末の作成時点で、12月の資金不足が予測できれば、銀行などへの融資対応が素早く行えるからです。もし、5000万円の借入が手配できていなければ、12月末に2300

万円のマイナスとなり、大慌てで資金調達に駆け回ることになるかもしれません。
また、毎月実際の資金の動きを計算して、確定値としての翌月繰越金を把握しておくことも重要です。

## 改善事例⑨

### 担当部署が作成するから有益な資料になる

新築住宅の施工やリフォーム工事業などを主体とした、年商8億円のP社の例です。P社では、月初に工事代金請求書を集計して、月末に必要な支払い金額を把握し、不足しそうな場合は、15日頃に銀行へ借入を申し込み、月末に借り入れることでしのいでいましたが、銀行から求められる資金繰り表の作成や受注明細の把握に苦労していました。

そこで、専門家のアドバイスを受け、工事ごとの入金予定表を営業部で、支出予定表を工事部で作成できるようになりました。また、それらの資料があることで、経理部は資金繰り表が簡単に作成できるようになりました。以前は、経理部が工事の入金や支出を予測して作成していたため、予測額と実績の差が大きかったのですが、それぞれの担当部署が資料を作成することで、担当者が予測した数字を意識するため、実績が大きく乖離しそうな場合は、経理部に連絡や相談ができるようになりました。

その結果、資金不足を3カ月前に予測でき、当月末の借入を当月15日頃に行わなくても済むようになりました。

余裕をもった銀行の稟議期間の確保や、有益な資料の作成などによって、銀行からの評価も高まりました。それに加えて、営業部や工事部のお金に対する意識も高くなり、自分の仕事が会社全体の運営に与える重要性も認識できるようになり、一歩前進したと社長は思っています。

## 2 毎月の儲けを確認する仕組み

多くの中小建設会社では、毎月の利益を正しく把握する仕組みがありません。決算時だけ、未成工事支出金、未成工事受入金などの数字を拾って、決算に反映させているからです。当然ながら、毎月拾っていないので数字の信憑性が低い会社もあり、税務調査などで未成工事支出金の計上もれを指摘され、修正させられる会社も多く見てきました。

試算表を毎月作成するポイントは、未成工事支出金、未成工事受入金の2つの数字の把握ができるかどうかです。ここは、税理士さんの指導や毎月の監査のやり方に大きく差がつく部分でもあります。指導が素晴らしい会社の実施例をご紹介しますので、御社の改善のヒントにしていただきたいと思います。


その前に、会計処理の方法には、現金主義会計と発生主義会計の2つがあります。その違いは、収益と費用の会計処理の違いです。

現金主義は、収入や支出があった日付で記帳する方法です。売上は入金したときに計上し、仕入などの費用は、商品を受け取った時点では記帳せず、後日、現金を支払った時点で計上します。

発生主義の場合は、収入や支出があった時点ではなく、収入や支出の事実が確定した時点の日付で記帳します。たとえば、工事の請求書を提出したときに、代金の回収は後日でも売上を計上します。仕入などの費用も、代金を支払っていなくても、商品を受け取った時点で経費として計上します。

建設業の場合は、発生主義会計が望ましいと私は考えています（本章第5節でお話しする消費税の間違いも起きにくくなります）。

では、毎月の試算表を正しく作成する方法をご紹介しましょう。

工事が始まり、お客様に請求書を発行します。最近は、元請先の指定請求書が多いので、自社で請求書を発行しないケースもあります。

請求書を発行する時点で売上高を記帳する必要があり、売掛金として計上します（表5仕訳例①参照）。

この工事代金の入金時には、仕訳例②のように入金処理します。同様に、協力業者からの請求書を仕入計上する場合も、仕訳例③と仕訳例④のように処理します。

勘定科目は変わりますが、ガソリン代や事務用品費、給与なども、発生主義会計で処理することが望ましいと思います。

毎月の試算表の作成時には、工事ごとに完成工事か未成工事かの判別を行います。このとき、工事ごとの原価管理が不可欠となります。月末に未成工事の一覧表から、未成工事

## 表5　仕訳例

〈円〉

| 借　方 | | | 貸　方 | | |
|---|---|---|---|---|---|

仕訳例①
（請求時）

| 売掛金 | (完成工事未収入金) | 1,080,000 | 売上高 | (完成工事高) | 1,000,000 |
|---|---|---|---|---|---|
| | | | 仮受消費税等 | | 80,000 |

仕訳例②
（入金時）

| 普通預金 | | 1,080,000 | 売掛金 | (完成工事未収入金) | 1,080,000 |
|---|---|---|---|---|---|

仕訳例③
（購入時）

| 材料費 | | 800,000 | 買掛金 | (工事未払金) | 864,000 |
|---|---|---|---|---|---|
| 仮払消費税等 | | 64,000 | | | |

仕訳例④
（支払時）

| 買掛金 | (工事未払金) | 864,000 | 普通預金 | | 864,000 |
|---|---|---|---|---|---|

仕訳例⑤
（未成工事支出金）　　　　　（前期末1,000万　今月末1,500万の場合）

| 期首（期末）仕掛工事高 | | 10,000,000 | 未成工事支出金 | | 10,000,000 |
|---|---|---|---|---|---|
| 未成工事支出金 | | 15,000,000 | 期末仕掛工事高 | | 15,000,000 |

仕訳例⑥
（未成工事受入金）　　　　　（前月末に1,200万　今月末1,800万の場合）

| 未成工事受入金 | | 12,000,000 | 売上高 | (完成工事高) | 12,000,000 |
|---|---|---|---|---|---|
| 売上高 | (完成工事高) | 18,000,000 | 未成工事受入金 | | 18,000,000 |

※処理方法、科目名等は税理士さんによって異なりますので、この書籍から税理士さんに自社の処理方法を含めてご教示いただくとよいと思います。

支出金と未成工事受入金を把握します（**表6**「工事別収支管理表（未成工事一覧表）」参照）。

仕入代金や外注代金が、工事原価として計上されますが、その数値は完成前の仕掛中ですので、工事原価から未成工事支出金の金額1500万円をマイナスします。

仕訳例⑤のように、前月末の未成工事支出金が1000万円だった場合は、差額の500万円の未成工事支出金が増加したため、当月の完成工事原価は減少します。この処理を行っていない会社では、500万円が完成工事原価に加算されるため、粗利益が500万円少ない試算表

## 表6　工事別収支管理表（未成工事一覧表）

（9月末日）〈円〉

| 工事番号 | 工事名 | 得意先名 | 担当 | 請負金額 | 未成工事支出金 | 実行予算 | 支出比率 | 未成工事受入金 | 残受入予定額 |
|---|---|---|---|---|---|---|---|---|---|
| 280010 | OBビル改修工事 | 花丸建設 | 山田 | 19,000,000 | 3,800,000 | 16,000,000 | 23.75% | 0 | 19,000,000 |
| 280180 | 丸太邸新築工事 | 丸太一郎 | 花田 | 19,000,000 | 5,000,000 | 14,000,000 | 35.71% | 6,000,000 | 13,000,000 |
| | | | | | | | | | |
| | | | | | | | | | |
| | | | | | | | | | |
| | | | | | | | | | |
| | | | | | | | | | |
| 合　計 | | | | 370,000,000 | 15,000,000 | 277,500,000 | | 18,000,000 | 352,000,000 |
| 前月末の金額 | | | | | 10,000,000 | | | 12,000,000 | |

になります。

また、仕訳例⑥では、前月末の未成工事受入金1200万円を完成工事高に加え、今月末の未成工事受入金1800万円を完成工事高から減額します。この1800万円は工事代金の入金分ですが、未完成のため、完成工事高から減額することになります。通常の前受金の処理と同じです。この処理が行われていない試算表では、差額600万円が本来の完成工事高より多く計上されることになります。

このように、建設業においては、毎月、未成工事支出金と未成工事受入金の数値の把握が必要になります。

**改善事例⑩**

## 銀行から信用される試算表を

公共工事の多い土木工事業のQ社では、前受金として入金された金額を売上高で処理していました。年に1回、決算時に振り替える方式です。この売上高に対して、まだ工事は始まっていないので、未成工事支出金は0円です。前受金は複数の工事分で金額が大きく、1億円ありました。実際は、プラスマイナス0円の取引ですが、帳簿上は、売上高1億円、原価0円、粗利益1億円となります。

中間期に銀行から試算表の提出を求められ、税理士さんに作成していただいて提出したところ、大きく利益が計上されました。6カ月後、これらの工事が完成し……。決算時には先の1億円を売上から減算することになるため、赤字となり、銀行の融資担当役席から、「銀行の信用低下は否めない」との苦言を呈されたそうです。

改善策として、工事原価の管理ソフトを利用して、毎月、工事ごとの未成工事支出金や未成工事受入金を振り替えるようにし、正しい試算表が出せるようになりました。

このように、前受金の多く発生する会社では、経営に対するリスクも大きくなります。Q社のような改善を図り、毎月の利益が正しく把握できる仕組みを作ることが重要です。

## 3 税理士任せは危険!? よい税理士を選ぶ基準

建設会社さんとお仕事をさせていただくなかで、一番まずいと思うのは、税理士任せの企業です。しかも、その税理士さんが、数値以外の会社の状況に関知せず、事務的な作業だけを行う人だった場合は、会社にとって不幸としか言いようがありません。

会社側は、税理士さんの言うことは絶対正しいと思い、間違ったまま事務作業が進められてもわかりません。そんな不幸なケースをずいぶん見てきました。

ここで申し上げたいのは、経営者が税理士さんを1人のビジネスパートナーととらえ、また、取引先だと思い、納品される商品がどうであるか（試算表が毎月作成されるかなど）、サービスはどうか（決算内容の説明が十分か、問い合わせの対応は？　など）、料金はどうか（顧問料や決算料の価格は適正か）といったことを、細かくチェックすべきだということです。

この観点が欠けている会社が少なくなく、たとえば、税務調査などの対応や銀行への提出書類のアドバイスに不満を感じていても、税理士を変更しようという発想に至らないのです。

ほんの一例ですが、年商規模も従業員数も同じくらいの会社で、R社の税理士さんの顧問料は月2万円、S社は月6万円と、3倍もの開きがあることを知り、驚きました。しかも、私から見れば、R社の先生のほうが、S社の先生よりサービスなどがよいのです。

昔からの長い付き合いだからと、当たり前のように顧問契約が続くことも、税理士のサービス向上の妨げになっているのだと思います。ある税理士さんが、ホームページで「税理士はサービス業である」とうたっていましたが、まさにその通りだと思います。このような理念をもった事務所が増えてほしいと願っています。

50名以上の職員を抱えている大手税理士法人の先生のセミナーでのことです。その先生は、「同業者の悪口は言いたくないが、財務諸表が正しく理解できて、経営アドバイスができる税理士は3割ほど。残りの7割は、税務署に出す書類の係でしかなく、経営者は両者の違いを見極めることが大切だ」と話しておられました。各建設会社で顧問税理士さんとお会いして仕事をしている私も、まったくの同感でした。

どんな税理士さんも、処理方法やそれに伴う税金額は変わらないだろうと思っている方も多いことでしょう。元請先から相殺された安全協力会費やゴルフコンペなどの会費を、諸会費の勘定科目で処理する場合の消費税を例にお話しします。

A税理士は、すべて非課税の処理としています。非課税の処理とは、1万800円の会費を払った際に、1万800円全額が費用となり、仮払消費税は0円となります。

B税理士は、全額を課税処理として、1万800円のうち800円を仮払消費税とし、1万円を経費処理しています。

両者の違いは、課税処理にすると800円利益が増え（経費が800円少なくなる）、納付する消費税が800円少なくなることです。売上時などにいただく仮受消費税－仮払消費税＝納付する消費税です。

こういった場合、支出内容によって処理を変えるほうがよいでしょう。ゴルフコンペやセミナーなどの参加会費は、明らかな役務の提供の対価のため、課税処理になります。通常の○○会の年会費や、支払金額の1000分の5を相殺などで支払う場合は、払ったお金（会費）と○○会に直接的対価がないので、非課税仕入が正しいのです。

ここで話を戻しますと、領収書を1枚1枚確認する煩雑さを嫌って、先のA税理士のようにすべて非課税の処理をされるわけです。

よい税理士さんは、前出の処理の違いを会社の担当者に説明し、理解してもらった上で、経理ソフトに正しく入力するよう指導されます。また、銀行通帳などを預かり、会計事務所で作業する場合は、領収書の内容を一つひとつチェックして会社に確認し、正しく処理される税理士さんがよい先生だと思います。

これはほんの一例で、税理士さんの処理がみんな同じではないことや、先生と崇めて絶対だと思うことは避けたほうがよいという話です。

それでは、私の考えるよい税理士を選ぶ基準を挙げてみましょう。

①先述のような、いわゆる先生業ではなく、サービス業の精神があるかどうか。
②社長との相性はどうか。人間同士の付き合いができるか。
③税務調査などに一生懸命対応してくれるか。自分で決算を組んだ責任を忘れて、税務署の言いなりになっていないか。
④専門用語や難しい言葉を使わずに資料を説明できるか。どうすれば利益が増やせるか、どうすればお金が残るかなど、経営者に具体的なアドバイスができるか。

⑤脱税など、経営者のよからぬ行為に目をつぶるのではなく、正しい方法を説明してその行為を正すことができるか。
⑥本来の業務である税務顧問として、節税対策や決算対策をしっかり行っているか。
⑦資金調達などにも強く、会社の困りごとに対応してもらえるか。

ほかにもまだまだありますが、最も言いたいことは、顧客第一主義の精神で対応していただけるかということです。安い税理士さんが一番ではなく、顧問料は高くとも、会社に満足感があるかどうかを重視してください。税理士さんの価格は対価とのバランスだという目線で判断できる力が、経営者には必要です。

**改善事例⑪**

## 税理士さんを見極める

専門工事業の年商4億円のT社では、若くして起業した社長が、親戚の紹介で創業時から同じ税理士さんに依頼していました。当初から、会計ソフトの入力は、経理知識をもたない社長夫人が担当していました。

顧問税理士さんは月額顧問料をいただきながら、入力内容をチェックして誤りを説明した形跡はなく、決算時にデータをまとめて持ち帰り、1年分のデータを修正して決算を行っていました。

毎月の仕事は源泉所得税の納付書の作成くらいで、もちろん月次試算表もありません。建設業であるにもかかわらず、商業簿記形式の決算書で、材料仕入だけが原価で、外注費も販売管理費に計上されていました。さらに、未成工事支出金の勘定科目がなく、支払ったお金はすべて原価に計上され、税務調査で指摘され修正申告をさせられたこともありました。

さすがに社長も、同業の経営者に相談して新しい税理士さんをご紹介いただき、お付き合いが始まりました。今度の税理士さんは、年齢が社長に近く、話しやすい方でした。以前の税理士さんの報酬と同額で、毎月訪問して会計ソフトの入力画面を見ながら夫人にわかるように説明され、間違いがあれば一緒に修正するなど、丁寧に指導していただけました。経理がわからないことで、初めは拒否感もあった夫人ですが、1年も過ぎると徐々に理解度が深まりました。

また、未成工事についても社長にわかるように説明したことで、決算時だけですが、社長が業者の請求書などをもとに未成工事支出金を拾い出せるようになりました。決算月の翌月に売上が計上される工事分など、途中までの支出金を決算に計上できるようにもなりました。

まだ完全ではありませんが、銀行に求められれば、ほぼ正しい試算表も提出できます。毎月の成績がわかることで社長の危機意識も働き、利益を出すことに努力するようになり、よい先生に巡り会えたと満足されています。

## 4 見栄えのよい決算書の作り方

税理士さんは10人が10人、みんな同じ経理処理をするわけではありません。同じ税金を納めるにも、決算書の作り方次第で評価の高い決算書と、そうではない決算書があるのです。

以下は、中小建設業で社長が株主を兼ねるオーナー企業の例ですが、実際に私が改善提案をさせていただいた損益計算書の３つのケースです。

## ■ケース①

鉄筋工事業や解体工事業では、現場で有価の資源が多く発生します。

**図３**「見栄えのよい決算書①」をご参照ください。×のケースでは、鉄屑の売却代金５０００万円を営業外収益の雑収入に計上していました。その結果、営業利益（本業の利益）では、２０００万円の赤字が計上され、税引後利益は１３００万円です。つまり、本業の営業利益は２０００万円の赤字で、最終利益は１３００万円となり、マイ

### 図3　見栄えのよい決算書

| | 見栄えのよい決算書① × | 見栄えのよい決算書① ○ | 見栄えのよい決算書② × | 見栄えのよい決算書② ○ | 見栄えのよい決算書③ × | 見栄えのよい決算書③ ○ |
|---|---|---|---|---|---|---|
| 売上 | 1,000 | (+50) 1,050 | 1,000 | 1,000 | 1,000 | 1,000 |
| 原価 | 750 | 750 | 750 | 750 | 770 | (−20) 750 |
| 粗利益 | 250 | 300 | 250 | 250 | 230 | 250 |
| 販売管理費 | 270 | 270 | 270 | (−30) 240 | 270 | 270 |
| 営業利益 | △20 | 30 | △20 | 10 | △40 | △20 |
| 営業外収益 | 55 | (−50) 5 | 55 | (−30) 25 | 55 | 55 |
| 営業外費用 | 10 | 10 | 10 | 10 | 10 | 10 |
| 経常利益 | 25 | 25 | 25 | 25 | 5 | 25 |
| 特別利益 | 1 | 1 | 1 | 1 | 1 | 1 |
| 特別損失 | 6 | 6 | 6 | 6 | 6 | (+20) 26 |
| 税引前利益 | 20 | 20 | 20 | 20 | 0 | 0 |
| 法人税等 | 7 | 7 | 7 | 7 | 0 | 0 |
| 税引後利益 | 13 | 13 | 13 | 13 | 0 | 0 |

〈百万円〉

ナス評価になります。

ところが、○のケースのように、鉄屑代金の収入5000万円をその他の売上（工事の売上と分離すれば経営審査上もＯＫです）に計上するだけで本業の赤字2000万円が黒字3000万円に変わり、決算書の評価が高くなります。

### ■ケース②

「見栄えのよい決算書②」の×のケースを参照してください。

安全協力会費の協力業者からの徴収額や、住宅会社の展示場オープンの際に協力業者から協賛金として集めたお金が合計3000万円とします。そのお金は営業外収益の雑収入として処理されていました。支払った住宅展示場のオープンに伴う経費や、毎年切り替えの上乗せ労災保険料などは、販売管理費で処理されていました。

本来の目的に沿って集金されたお金ですので、決算のときにそれらの経費を雑収入から振り替えていただいた結果が、「見栄えのよい決算書②」の○のケースです。営業外収益が減りますが、販売管理費も減るため、2000万円の赤字だった営業利益の表示から、1000万円の黒字に変わりました。経常利益も税引前利益も計上されるのに、本業の利益が赤字の表示になっているのはどうかと思います。

## ■ケース③

土木業の会社の例です。税理士さんのすすめで、決算で利益が出ることを想定して、いわゆるアベノミクスの1つである「中小企業等投資促進税制」という制度を利用して、2000万円の重機を購入しました。

これは、設備投資にかかる税金を節税する制度で、通常は償却資産として、毎年、減価償却を行う必要がありますが、期間内は全額を特別償却として経費に計上できます。中小建設業にとって、儲かったときに将来のために投資でき、さらに全額を経費にすることができるよい提案を税理士さんがされたわけです。

その会計処理が、「見栄えのよい決算書③」の×のケースです。

重機の減価償却は、通常、工事原価の固定的経費に計上されるので、2000万円の特別償却費を原価に計上しました。この場合、原価が加算され、粗利益も悪くなります。

これに付随して、営業利益も4000万円の赤字です。社長の方針で税金を少なくという考えでしたので、赤字の計上は別として、私がご提案したのは、「見栄えのよい決算書

③」の〇のケースのように、特別償却なので特別損失に計上することでした。
結果、経常利益の５００万円が２５００万円になり、税引前利益はプラスマイナス０の決算となりました。経常的に儲ける会社の力（経常利益）は、５００万円より２５００万円のほうがよいのは明らかです。

このように、決算書の作り方次第で、払う税金が同じでも、より上位の粗利益・営業利益・経常利益などの数字が大きい決算書のほうが、評価は上がるということがおわかりいただけたでしょうか。私としては、税務署も銀行も文句がないなら、できるだけ上位の利益を大きくすることが大事だと考えています。とくに建設業は、経営審査などを受ける場合も多くあります。また、銀行の格付けや、保証協会の保証料率などにも影響を及ぼすようです。

友人の元銀行支店長が話していましたが、彼らの若い頃は〝エンピツなめなめ〟お客様の決算書、稟議書などに記入していたけれど、今はパソコンの会計ソフトに入力するので、見栄えがよければそれだけ評価も高いようです。銀行などで細かい分析をされればわかってしまうことではありますが、少しの工夫で表面上よく見せるお化粧のようなものとはいえないでしょうか。決算書を作る税理士さんによって、意見がばらつくところではありますが。

改善事例⑫

## その他の売上に計上して黒字の決算に

解体工事業の年商8億円のU社では、毎年、決算書の営業利益は赤字で、経常利益は黒字、税引前利益も黒字でした。あるとき、経営者がセミナーに参加され、必ずしも現場で発生する有価の資源は雑収入に入れなくてもよいことを学びました。

従来は税理士さんが絶対正しいとお考えでしたが、この気付きをきっかけに、多額に発生する鉄屑の売却益をその他の売上に計上することで、本業の利益も黒字、経常利益も黒字、税引後利益も黒字となり、銀行の評価も高くなりました。

# 5 建設業に多い、消費税処理の間違い防止策

建設業の消費税について、売上高の計上方法によって大きく間違うケースが、5パーセントから8パーセントへの消費税の引き上げ時に見られました。

経過措置（2013〔平成25〕年9月30日以前の契約工事は、2014年4月1日以降の引渡日付でも5パーセントに据え置く）以外の工事では、2014年4月1日以降の引渡は8パーセントの消費税となります。この2014年4月1日以降の入金分が、会計ソフトの入力方法によっては、消費税5パーセントでよいものまで8パーセントに間違っていたケースがありました。

本章第2節（63ページから）で説明した発生主義会計と現金主義会計のお話です。発生主義会計は、請求書を発行したときに売上を計上する方法です。会計ソフトの入力も売上計上時に行い、2014（平成26）年3月31日までの引渡工事は5パーセント、4月1日以降の引渡工事は8パーセントと分けることができます。

しかし、収入や支出があった日付で記帳する現金主義会計では、たとえば5月に3月ま

での完成工事分と4月の完成工事分が一緒に入金されると、工事ごとに5パーセントか8パーセントかを調べて別々に入力する必要があります。会計ソフトは、4月1日以降は消費税8パーセントが基本になっており、消費税5パーセントの工事分の入金は、5パーセントに修正しなければ計算が合いません。

本来は5パーセントである3月までの工事、１０５万円の税込入金と、4月引渡で8パーセントの工事が１０８万円あったとします。5月に合計２１３万円の入金がありました。会計ソフトに入力すると、２１３万円の消費税を8パーセントで表示します。この場合、税抜売上１９７万２２２２円、借受消費税15万７７７８円と分けられます。

これを正すには、１０５万円分を消費税5パーセントに修正し、１０８万円分を税抜売上１００万円、仮受消費税8万円と入力します。合計は、税抜売上２００万円、仮受消費税13万円となります。修正しなければ、２００万円と１９７万２２２２円の差である２万７７７８円分の利益を減らして、仮受消費税を余分に計上することになります。

私のお客様でも3社間違えていましたので、修正方法をご説明しました。金額的には、１社平均３００万円超でしたので大変大きな数字です。工事ソフトで工事ごとに売上計上していたため、間違いに気付き、直すことができました。

入金があったときは、工事ごとの請求書を確認して、5パーセントと8パーセントの分離した入力が必要だとおわかりいただけたでしょうか。

改善事例⑬

## 余分な消費税を払わないために

住宅会社のV社では、2013（平成25）年9月30日以前の契約がたくさんあります。お引渡し竣工日が2014年4月1日以降になり、経過措置の適用を受けて5パーセントの消費税となります。しかし、追加でいただいた外構工事やカーテンなどの内装のご契約は、2013年9月以降なので、8パーセントの消費税となります。

契約書はその形で残っていますが、会社に経理の知識や消費税の認識が乏しく、正しく理解できていませんでした。しかも、入金時の処理は現金主義でしたので、2014年4月以降の入金分は、消費税8パーセントの会計ソフトに入力しています。

リフォーム工事などは、当然3月31日までに完成していれば5パーセントの適用でよいのですが、そのことだけは理解していましたので、4月の工事も5月の工事も3月31日付で請求書を上げていました。

発生主義会計でしたら、3月31日までに売上完成の場合は5パーセントで計上されていますので、入金日が6月でも7月でも売掛金の入金になるので、消費税は5パーセントで大丈夫です。しかし、現金主義会計だったため、経過措置の工事代金も追加工事の8パーセント分も、お客様の要望で3月31日に完成したことになっている5パーセントの工事も、入力時に8パーセントの消費税に変わっていました。

税理士さんも、契約内容や請求書の日付まではチェックしていないいため、危うく余分な消費税を払い、利益を減らすところでした。工事ソフトの毎月の完成工事高との不照合が300万円くらいあることで専門家に指導をいただき、工事ごとに入金時の仕訳を修正して、300万円の余分に払う消費税と300万円の利益を減らさずに済みました。

## 6 一人親方の消費税処理の改善

建設業の会社で、社員ではないが外注としての取り扱いでお仕事をされている職人さんのような〝一人親方さん〟の消費税処理の話です。

社員に給料を支払う場合は、当然ながら消費税がかかりません（給料は不課税仕入）。つまり、40万円払えば40万円が経費です。しかし、毎日社員さんと同じように会社の制服を着て、会社の車を使い、現場で社員さんと一緒に働いている方を外注費として計上すると、40万円支払えば外注費が37万３７０円、仮払消費税が２万９６３０円発生します。

この仮払消費税は、お客様からいただいた仮受消費税と相殺して差額を納付する仕組みです。税抜経理の決算の場合には同じ40万円の支出でも、外注費の処理の場合には２万９６３０円経費が低くなります。この仕組みをご理解いただいた上で、次の説明に入ります。

もう１つ、給料の場合は、会社が源泉徴収をする必要があります。外注として仕事をしている一人親方の職人さんからすれば、手取りが減ってしまうことに抵抗があるのではないでしょうか。外注費として取り扱うには条件があります。

①他社の仕事も実施
②自己の判断と責任で業務遂行
③仕事に必要な道具や材料は自前で用意
④請求書を発行する
⑤報酬は職人側が計算して請求
⑥社員のように昇給や賞与がない
以上6つの条件を満たした場合は、外注費として課税仕入の取り扱いが可能なようです。

改善事例⑭

## 契約を交わして消費税の納付額改善

新築住宅やリフォーム工事、店舗等建築工事業のW社では、大工さんなど一人親方の職人さんを常時10名ほど抱えています。
専門家の支援を受けながら、正しい原価の把握に取り組んでいたところ、原価の税抜金額で、外注費の会計上の計上額と、原価管理上の外注費の計上額とに差異が多くあることを見つけました。総勘定元帳を確認すると、該当する職人さんたちの外注費が、給与同様、消費税については不課税の取り扱いでした。その差額約400万円分、会計上の外注費のほうが多く計上されていることがわかりました。

差異の原因は突き止めましたので、税理士さんに修正を依頼しました。ただ、一人親方さんたちから源泉所得税を徴収すべきとの税理士さんからのご指導はされませんでした。給料同様に消費税が不課税という取り扱いであれば、源泉所得税の徴収が必要であり、これでは不十分です。

専門家に相談して、外注費として取り扱う6つの条件を整えるために、まずは一人親方さんに屋号を付けていただき、ゴム印を作成して請求書に押印するようにお願いしました。その上で、次ページのサンプルのような請負契約書を作成しました。

このような請負契約書を作成して、専属の一人親方さんたちと契約を交わしました。その結果、10名分の外注費については、通常の外注費と同じように課税仕入として計上できるようになりました。

このときのデメリットは、各一人親方と交わす契約書の印紙代4000円だけです。会社のメリットは、10名分の1年間の消費税額約370万円の納付額が減り、利益が

## 建　築　工　事　下　請　負　契　約　書

第１条（目的及び業務内容）

本契約は株式会社○○工務店（以下甲という）と○○建築　○○○（以下乙という）との間で甲の受注した建築工事の下請負工事を乙が請負う場合の契約である。

第２条（契約期間）

本契約の契約期間は契約日より1年間とし、双方期間満了迄に異議の申し出がなければ、自動的に毎年更新する事とする。

第３条（請求金額）

乙の請負った工事内容により、工事毎に見積り打合せの上、甲の担当者に提示して決定する事とする。

第４条（支払方法）

乙は甲に対し毎月月末を締切日として、第3条の金額を請求書で提出し、甲は乙に対して翌月20日に現金で支払う事とする。

第５条（瑕疵工事）

乙の実施した工事に瑕疵があった場合には、乙は甲に対して無償で修正する事。及び内容によっては話し合いの上損害賠償の責任を負う事とする。

第６条（労災補償・交通事故）

乙は労働災害防止に努める事と共に乙の責任で労災特別加入をする事。又現場への移動時に交通安全に努めると共に、車両は自己所有で経費等は乙の負担とする。

第７条（治工具・材料等）

乙は工事施工に必要な治工具・消耗材料は原則的に自前で調達する。但し話し合いにより甲の支給材料にて作業する場合もある。

第８条（秘密保持）

乙が本契約に基づく工事施工上知り得た情報について、秘密を遵守し又本契約終了後も第三者に開示・漏洩しない事とする。

第９条（協議事項）

本契約に定めのない事項及び本契約各条項の解釈に疑義が生じた場合は、甲乙互いに信義誠実の原則に従い、協議・決定するものとする。

370万円増えたことです。今年だけに限らず、毎年370万円の利益の改善、消費税の納付額改善ができたことを大きな成果と社長は喜ばれ、税理士さん任せではいけないことを実感しておられました。

column 3

## 一人親方の労災保険加入

経営者、個人事業主などは、労災事故のときに、国の手厚い保護である労災保険（労働者災害補償保険）の適用を受けることはできません。労働者ではないからです。それぞれが、別途特別加入の必要があるのですが（図4参照）、大手ゼネコンのように、きちんと特別加入の有無を書面で確認しておらず、小規模な建設会社ではなかなか徹底できていません。

一次の一人親方は加入していても、臨時で現場の応援に入る二次の孫請の親方の確認までできているところは、ほとんどありません。

未加入理由を私なりに考えると、保険加入すればお金がかかること、手続きが面倒なこと、事故さえ起きなければ必要ないことなどが挙げられると思います。
でも、事故はいつ起こるかわかりません。自分が注意していても防げないこともあります。自分の身は自分で守るが原則です。現場に入る者の責務として、特別加入の推進をお願いしたいと思います。

図4　建設現場での労災関係と特別加入の条件

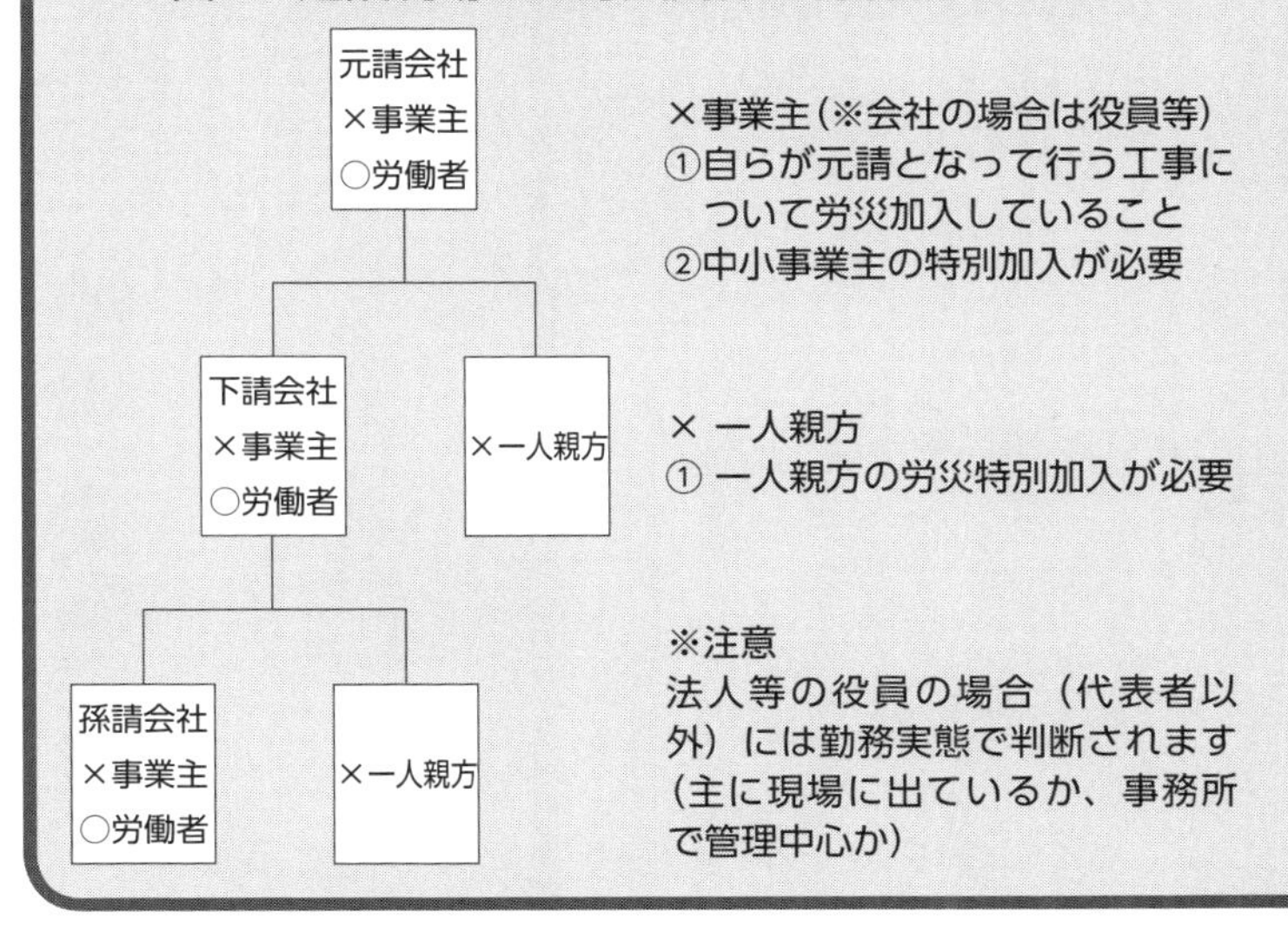

# 7 建設業の決算は3カ月前に簡単に予測可能

この節のタイトル通り、決算予測は簡単にできます。ただし、工事ごとの完成工事利益や実行予算などの予定利益の把握ができればの話です。

**表7**と**表8**をご覧ください。3月決算の会社で、4月~12月まで9カ月の成績の把握が、毎月の月次試算表からできています。とくに、完成工事の未払原価の把握までできています。これは、実行予算の予算残や、発注書の発行はしてありますが、協力業者からの請求書が届いていない完成工事の未払金です。建設業では多く見られます。

販売業などでは、納品すれば売上になりますが、工事の場合は元請先からの発注金額の未決定、協力業者の原価把握が遅く、請求金額を決めるための作業が進みません。また、住宅などの工事は完成し、外構工事は未実施の状態にもかかわらず、住宅ローンから入金済みになるなど、完成した月にすべての協力業者からの請求書が集まるわけではありません。だからこそ、発注側で把握することによって、正しい月次試算表の作成が可能になるのです。

## 表7　4月～12月　完成工事高　粗利益表

〈千円〉

| | 完成工事高 | 工事原価 | 粗利益 | 粗利益率 | 未払原価 | 最終見込率 |
|---|---|---|---|---|---|---|
| 新築住宅 | 350,000 | 245,000 | 105,000 | 30.00% | 15,000 | 25.71% |
| 住宅リフォーム | 100,000 | 68,000 | 32,000 | 32.00% | 4,000 | 28.00% |
| 店舗改装 | 80,000 | 60,000 | 20,000 | 25.00% | 0 | 25.00% |
| メンテナンス工事 | 30,000 | 21,000 | 9,000 | 30.00% | 0 | 30.00% |
| その他 | 10,000 | 7,500 | 2,500 | 25.00% | 0 | 25.00% |
| 合計 | 570,000 | 401,500 | 168,500 | 29.56% | 19,000 | 26.23% |

## 表8　決算見込（目標達成必要利益表）

〈千円〉

| | 4月～12月実績 | 1月～3月予測 | 合計（今期見込） | 必要利益 | 必要完工受注高 | 目標達成決算 |
|---|---|---|---|---|---|---|
| 完成工事高 | 570,000 | 272,000 | 842,000 | | 127,423 ※5 | 969,423 |
| 工事別原価 | 401,500 | 202,600 | 604,100 | | 94,293 | 698,393 |
| 未払原価 | 19,000 | 0 | 19,000 | | 0 | 19,000 |
| 変動粗利益 | 149,500 | 69,400 | 218,900 | 252,030 | 33,130 ※4 | 252,030 |
| 固定的原価 | 18,000 | 6,000 ※1 | 24,000 | 24,000 | | 24,000 |
| 売上総利益 | 131,500 | 63,400 | 194,900 | 228,030 | | 228,030 |
| 販売管理費 | 150,000 | 50,000 ※1 | 200,000 | 200,000 | | 200,000 |
| 営業利益 | △18,500 | 13,400 | △5,100 | 28,030 | | 28,030 |
| 営業外収益 | 2,000 | 670 ※1 | 2,670 | 2,670 | | 2,670 |
| 営業外費用 | 8,000 | 2,700 ※1 | 10,700 | 10,700 | | 10,700 |
| 経常利益 | △24,500 | 11,370 | △13,130 ※2 | 20,000 ※3 | | 20,000 |

※1　9カ月実績で固定費は3カ月分案分　※2　現状では13,130千円赤字予測
※3　目標経常利益は20,000千円　※4　経常利益20,000千円達成のための必要粗利益
※5　平均変動粗利益26%の場合の必要完成受注高（今後受注して3月末までに完成分）

**表8**を見ると、9カ月で各部門の合計売上が5億7000万円で、現状の粗利益が1億6850万円です。さらに未払分も原価に加算します。その結果、変動粗利益は1億4950万円になります。そこから、土場の家賃やダンプの減価償却などの固定的原価が1800万円と、販売管理費が1億5000万円で、合計1億6800万円の固定費がかかっています。変動粗利益の1億4950万円から固定費の1億6800万円を引いて、営業赤字が1850万円です。営業外収益と営業外費用のプラスマイナスを計算し、経常赤字2450万円が9カ月の成績です。

次に、**表9**ですが、現在受注済みの工事で、1月~3月までの完成見込高と、実行予算など見込工事原価との差額が変動利益の3カ月分の予測です。

**表8**は、9カ月の実績と3カ月の予測値の合計です。これが決算予測となります。今期の完成工事高は8億4200万円で、経常赤字は1313万円が現在の予測値です。しかし、2000万円の経常利益を上げることが、この会社の目標数字です。必要利益の欄は、2000万円の経常利益を出すためには、あといくらの売上といくらの完成工事高が必要

なのかを表します。

　必要な変動粗利益は、逆算して2億5203万円だとわかります。これで不足している変動粗利益は3313万円です。3313万円を平均変動粗利益率26パーセントで割り算すると、1億2742万円くらいを1月以降に受注して、3月までに完成することが条件になります。

　この会社では新築住宅がメインですが、新築を受注しても今期の完成工事にはなりません。リフォームなど、納期の短い仕事の受注が必要です。老舗のこの会社では、過去の施主様のデータが揃っているので、外壁の塗り替えなどに絞ってOB客を中心に営業をかけるなどの方針が決まりました。

　もう1つの方針として、工期の短い店舗改装工事の受注を推進するよう、営業活動を行うことが決ま

表9　1月〜3月　完成見込工事　粗利益予定表

〈千円〉

| | 完成見込高 | 見込工事原価 | 見込粗利益 | 粗利益率 | 未払原価 | 最終見込率 |
|---|---|---|---|---|---|---|
| 新築住宅 | 200,000 | 148,000 | 52,000 | 26.00% | 0 | 26.00% |
| 住宅リフォーム | 20,000 | 14,600 | 5,400 | 27.00% | 0 | 27.00% |
| 店舗改装 | 40,000 | 31,200 | 8,800 | 22.00% | 0 | 22.00% |
| メンテナンス工事 | 8,000 | 5,600 | 2,400 | 30.00% | 0 | 30.00% |
| その他 | 4,000 | 3,200 | 800 | 20.00% | 0 | 20.00% |
| 合計 | 272,000 | 202,600 | 69,400 | 25.51% | 0 | 25.51% |

りました。３カ月前に決算の予測ができることで、決算予測と目標経常利益達成のために何をすべきか、明確な方針が立てられます。逆に大幅な黒字が見込まれるときは、いち早く節税対策なども検討できます。

## 改善事例⑮

### 正確に把握すれば予測ができる

新築住宅をメインにリフォームや店舗改装を扱うX社では、従来、個別原価の把握もできず、決算の数値も申告期限の1週間前くらいに税理士さんから連絡が入っていました。

赤字でも黒字でも、前もって作戦を立てることができませんでしたが、個別原価の管理と毎月の正しい試算表や受注工事の実行予算などを作成するようになり、決算の3カ月前に予測できるようになりました。おおよその数値がわかるため、銀行などの信用面もプラスになり、幹部社員を巻き込んで、決算をどうすべきか、今から頑張れる方法はないかなどを話し合うようになり、〝脱！どんぶり勘定〟の成果が上がっています。

# 8 土地・建物を同時販売するときの留意点

不動産業として土地の販売を行う事業と、建設業として建物を販売する事業の両方を取り扱う会社に参考にしていただきたいことがあります。

たとえば、土地と建物を同時に施主様に販売される場合は、土地の譲渡は非課税取引にあたり、消費税は0円です。それに対して、建物の取引には課税取引として消費税がかかります。このことを理解すると、商売として利益が増えます。

**図5**をご参照ください。土地と建物を同時に販売する際に、合計3500万円（税込）が予算のお客様に、土地1800万円（税込）、建物1700万円（税込）で販売したときの税抜利益額と、土地2000万円（税込）、建物1500万円（税込）で販売したときの税抜利益額には、14万8148円の差があります。お客様の負担は同じでも、納める消費税が減り、会社の利益が増えるのです。今後、消費税率が上がれば、さらに差が大き

くなります。

ですから私は、値引きを行う場合は、土地代の値引きはせず、建物の値引きが望ましいと指導させていただいています。ただし、契約書の改ざんなどは脱税行為にあたり、罰せられるのでおやめください。また、土地の相場と乖離した取引も問題となります。

### 図5　土地建物を同時販売するときの留意点

土地と建物　合計3,500万（税込）の場合

〈円〉

| | 税込売価 | 税込原価 | | 税抜売価 | 税抜原価 |
|---|---|---|---|---|---|
| 土地 | 1,800万 | 1,500万 | ⇒ | 1,800万 | 1,500万 |
| 建物 | 1,700万 | 1,400万 | ⇒ | 15,740,741 | 12,962,963 |

（合算した税抜粗利益　5,777,778円）
仮受消費税1,259,259－仮払消費税1,037,037=納税額222,222

| | | | | | |
|---|---|---|---|---|---|
| 土地 | 2,000万 | 1,500万 | ⇒ | 2,000万 | 1,500万 |
| 建物 | 1,500万 | 1,400万 | ⇒ | 13,888,889 | 12,962,963 |

（合算した税抜粗利益　5,925,926円）
仮受消費税1,111,111－仮払消費税1,037,037=納税額74,074

8%取引時148,148円利益増、納める消費税が148,148円減
10%になればさらに大きく差がつきます。

# 第3章

# 年度利益計画の立て方

## 計画の実践できる会社は儲かっています

# 1 6つの利益を知ろう

ひと口に利益といっても、会計の本などには、会社には5つの利益がある、と書かれています。しかし私は、建設業の場合は、6つの利益があると考えます。

◆一般的な5つの利益

・売上総利益
・営業利益
・経常利益
・税引前当期純利益
・当期純利益

◆私が考える建設業の6つの利益

◎変動粗利益
・売上総利益

・営業利益
・経常利益
・税引前当期純利益
・当期純利益

決算書の中の損益計算書をご覧いただくと、一番上に完成工事高（売上高）の表示があります。次に完成工事原価（売上原価）が記載され、差額が「売上総利益」とあります。売上高－売上原価＝売上総利益です（**図6①参照**）。5つの利益の場合、この「売上総利益」が最初の利益です。一般的に、粗利益といいます。

しかし、建設業の場合は、この売上原価の内訳が2つになります。外注費や材料費などの売上に比例してかかる原価を比例原価と呼び、土場の家賃やダンプの減価償却費など、工事が多くても少なくてもかかる費用を固定原価と呼びます。この2つの関係が、建設業の利益構造をわかりにくくしています。

図6-①　5つの利益図

<table>
<tr><td rowspan="3">①<br><br>完成工事高<br>（売上高）</td><td colspan="2">比例原価<br>（工事に直接かかる費用）</td></tr>
<tr><td rowspan="2">変動粗利益</td><td>固定原価<br>↑①土場の家賃・ダンプ等の減価償却</td></tr>
<tr><td>売上（決算書上の総利益）</td></tr>
</table>

つまり、工事がなくてもかかる費用は、経営的には固定費の概念が必要ですが、決算書の様式でこれも含めて完成工事原価と表示されます。さらにおかしなことに、人件費のうち職人さんや作業員さんの人件費は、どの税理士さんも製造原価に入れますが、現場監督さんの人件費は、税理士さんによって取り扱いが異なります。現場監督さんの人件費が売上原価に入っている決算書と、販売管理費に入っている決算書が存在します。

このように、同じような仕事でも売上総利益の取り扱いが違うため、分析などの数値が変わってしまうことがあります。御社の決算書はいかがでしょうか？

私が申し上げる1つ目の利益は、「売上総利益」ではなく、「工事ごとの粗利益（変動粗利益）」です。

2つ目の利益は「売上総利益」です。「工事ごとの粗利益（変動粗利益）」は、税理士の決算書だけではわからない部分です。会社には、売上が上がらなくても、常に発生する経費があります。土場の家賃やダンプの減価償却費などの固定原価です。会社の利益は、いかに固定原価を増やさないか、いかに売上を多く上げるか、どれだけ粗利益率を高めることができるかで決まってきます。それぞれ具体的に何をすべきかを挙げ、計画を立てて実践していくことが重要です。そのためにも、「工事ごとの粗利益（変動粗利益）」を注視していく必要があります。

３つ目は、「営業利益」です。先ほどの売上総利益－販売費及び一般管理費（工事原価以外の役員報酬ほか人件費、広告費ほか経費）＝営業利益となります（**図6②参照**）。営業利益は、会社の本業で稼いだ利益ともいえます。

４つ目は「経常利益」です。営業利益＋営業外収益－営業外費用＝経常利益となります（**図6③参照**）。経常利益は、会社が通常行っている業務の中で得た利益のことです。営業外収益は、会社の営業活動以外で得た雑収入や受取利息など

**図6-②③　５つの利益図**

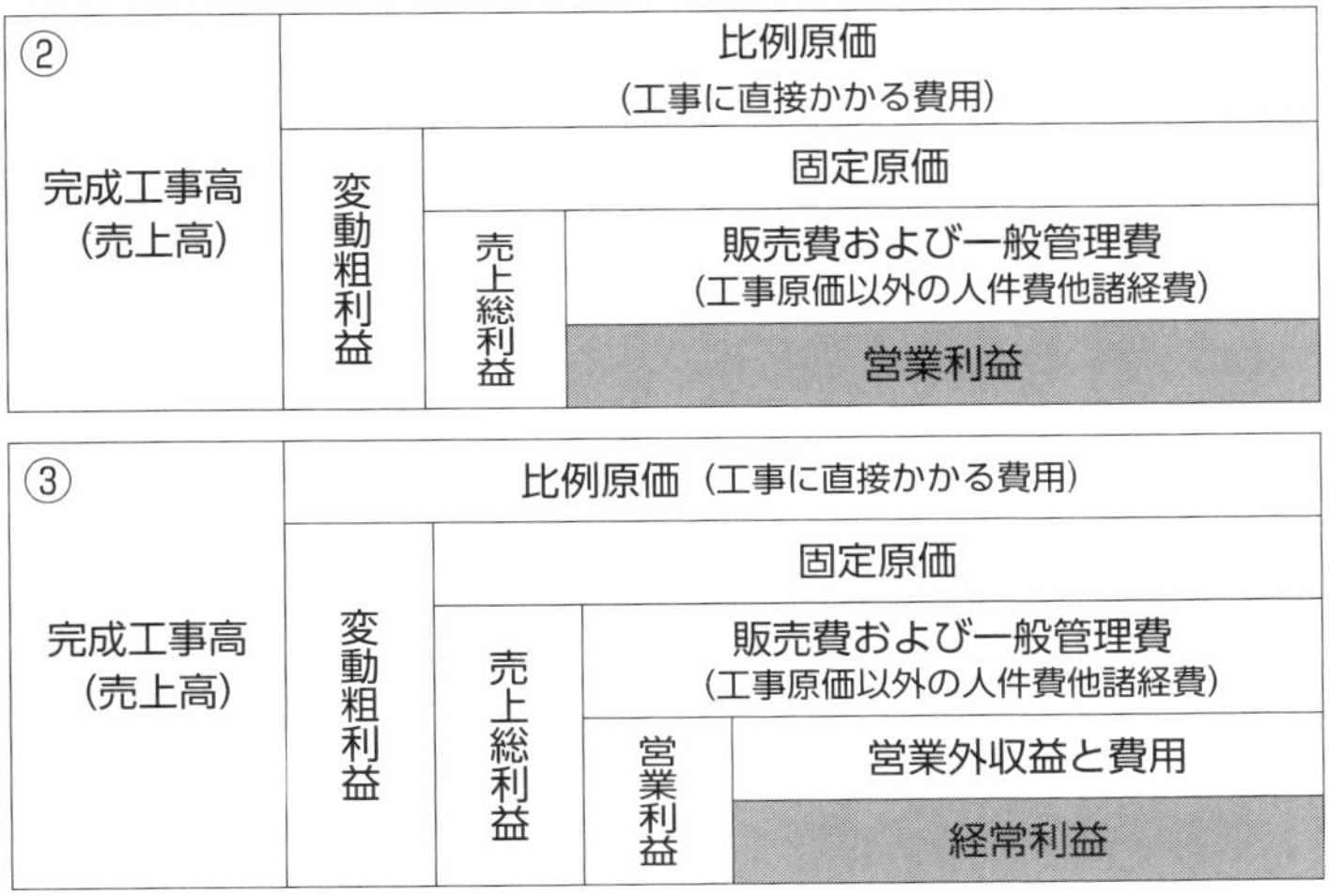

<table>
<tr><td rowspan="4">②<br>完成工事高<br>（売上高）</td><td colspan="3">比例原価<br>（工事に直接かかる費用）</td></tr>
<tr><td rowspan="3">変動粗利益</td><td colspan="2">固定原価</td></tr>
<tr><td rowspan="2">売上総利益</td><td>販売費および一般管理費<br>（工事原価以外の人件費他諸経費）</td></tr>
<tr><td>営業利益</td></tr>
</table>

<table>
<tr><td rowspan="5">③<br>完成工事高<br>（売上高）</td><td colspan="4">比例原価（工事に直接かかる費用）</td></tr>
<tr><td rowspan="4">変動粗利益</td><td colspan="3">固定原価</td></tr>
<tr><td rowspan="3">売上総利益</td><td colspan="2">販売費および一般管理費<br>（工事原価以外の人件費他諸経費）</td></tr>
<tr><td rowspan="2">営業利益</td><td>営業外収益と費用</td></tr>
<tr><td>経常利益</td></tr>
</table>

です。

5つ目が、税金を納める前の利益「税引前当期純利益」です。経常利益＋特別利益－特別損失＝税引前当期純利益となります（**図6**④参照）。

特別利益とは、通常の経営活動に直接関係がなく、その事業年度だけに発生する利益です。同様に、特別損失は臨時に発生した損失です。固定資産売却益や固定資産売却損などが該当します。

6つ目は「当期純利益」です。式は、税引前当期純利益－法人税等＝当期純利益となります（**図6**⑤参照）。当期純利益とは、最終的に稼いだ利益です。


ここで私が申し上げたいのは、建設会社の場合は6つの利益があるということと、1つ目の利益、つまり上から順に利益が大きくなるような決算書にしていただきたいということです。

前の章でもお話ししましたが、同じ税金を払うなら、上位の利益の表示を大きく、見栄えのよい決算書にしたいものです。ただ、税理士さんの中には、決算書の見栄えに注意されない方もおられますのでお気を付けください。

## 図6-④⑤　５つの利益図

<table>
<tr><td rowspan="6">④<br>完成工事高<br>（売上高）</td><td colspan="5">比例原価（工事に直接かかる費用）</td></tr>
<tr><td rowspan="5">変動粗利益</td><td colspan="4">固定原価</td></tr>
<tr><td rowspan="4">売上総利益</td><td colspan="3">販売費および一般管理費<br>（工事原価以外の人件費他諸経費）</td></tr>
<tr><td rowspan="3">営業利益</td><td colspan="2">営業外収益と費用</td></tr>
<tr><td rowspan="2">経常利益</td><td>特別利益と損失</td></tr>
<tr><td>税引前当期純利益</td></tr>
</table>

<table>
<tr><td rowspan="7">⑤<br>完成工事高<br>（売上高）</td><td colspan="6">比例原価（工事に直接かかる費用）</td></tr>
<tr><td rowspan="6">変動粗利益</td><td colspan="5">固定原価</td></tr>
<tr><td rowspan="5">売上総利益</td><td colspan="4">販売費および一般管理費<br>（工事原価以外の人件費他諸経費）</td></tr>
<tr><td rowspan="4">営業利益</td><td colspan="3">営業外収益と費用</td></tr>
<tr><td rowspan="3">経常利益</td><td colspan="2">特別利益と損失</td></tr>
<tr><td rowspan="2">税引前当期純利益</td><td>法人税等</td></tr>
<tr><td>当期純利益</td></tr>
</table>

## 2 儲かる建設会社にするために必要なこと

### ①会社全体の目標管理（幹部の経営意識・利益意識の醸成）

中小建設業の会社を訪問すると、「第20期の売上目標高10億円！」「経常利益目標５０００万円！」などの目標を掲げている事務所があります。私からすると、数字よりも中身が大事ですよと申し上げたいものです。

具体的に、10億円の売上の内容は？　どんな仕事で10億円売り上げる？　どんな元請先で10億円売り上げる？　担当者の具体的な目標は？　といったことです。

たとえば、５０００万円の経常利益を上げるために５００万円の営業外費用がかかる場合は、営業利益は５５００万円必要になります。販売管理費が2億円かかるとすると、2億５５００万円の売上総利益が必要になり、さらに土場の家賃などの固定原価が２０００万円かかれば、変動粗利益が2億７５００万円必要になります。2億７５００万円を工事ごとの利益でいかに稼ぐかが重要です。

ここで申し上げたいのは、最初に売上目標高を決めるのではなく、いくらの経常利益が目標か、そこにかかる経費をたし算して、必要変動利益を決めるということ。そして、２

億7500万円の変動粗利益の中身を目標にして、毎月、目標を確認するということです。目標経常利益5000万円＋営業外費用500万円＋販売管理費2億円＋固定原価2000万円＝2億7500万円です。私の公式で、粗利益＞固定費という式がありますが、この場合、収支をトントンにするためには、粗利益（変動粗利益2億2500万円）＝固定費（2億2500万円）です。

2億2500万円を稼いで赤字にならないようにということと、もう1つ、5000万円の経常利益を稼ぐ目標達成のために、2億7500万円を変動粗利益で稼ぐ必要があることをご理解いただけたでしょうか。

その2億7500万円の内訳を、具体的に公共工事と民間工事の下請と元請に分けて考えてみましょう。ここで、先に述べた6つの利益の「変動粗利益」が重要になります。もちろん、簡単に目標通りの利益率とはいきませんから、毎月、試算表の確認と工事の変動粗利益の確認が必要になります。そして、会議などで社員に周知して、改善策を各担当責任者に考えさせることが重要です。

すべて社長がお膳立てしていては、社員の利益に対する意識は向上しません。考えたり意見を出したりすることで、経営への参加意識が出てくるのです。

**図7**、**表10**、**図8**をご参照ください。このように、工事高と変動粗利益・固定原価・販売管理費の部門別予算なども作成して、各部門の稼ぎ高や、かかった経費なども目標設定できるようにしましょう。役員報酬や営業部門・事務部門の人件費などといった、本社経費的な共通販管費は、部門ごとの売上高比率で配分します。

たとえば**表10**では、売上高に比例させて共通販管費を、建築部門60パーセント（8400万円）と土木部門40パ

図7　年度利益計画の作成手順

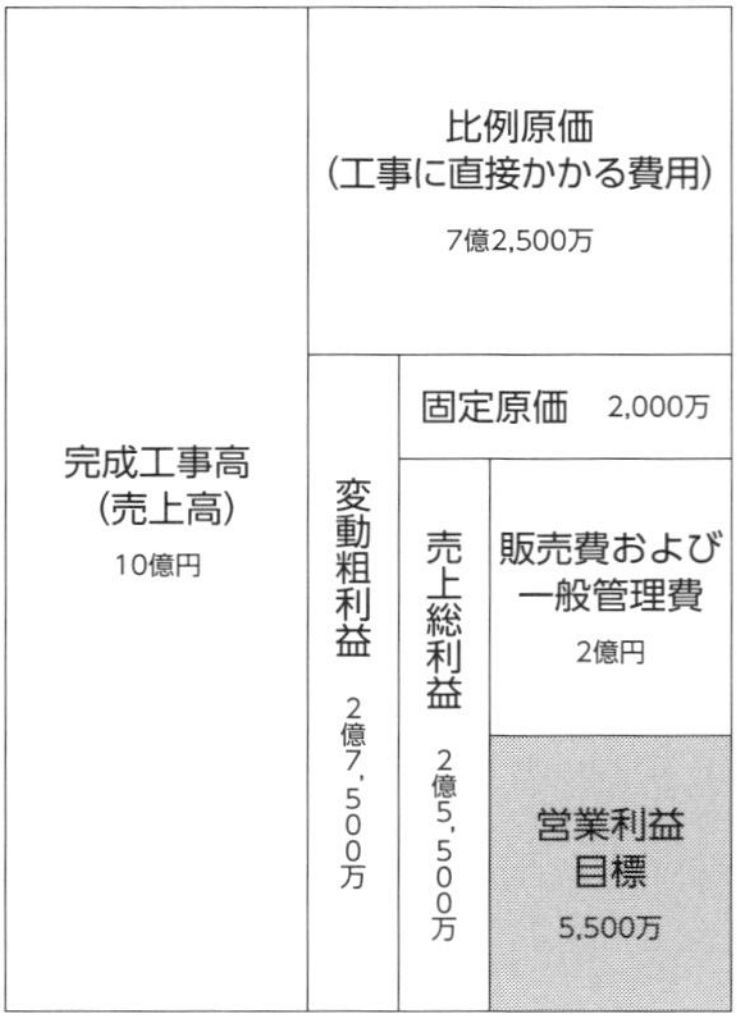

| 完成工事高（売上高）10億円 | 比例原価（工事に直接かかる費用）7億2,500万 | | |
|---|---|---|---|
| | 変動粗利益 2億7,500万 | 固定原価 2,000万 | |
| | | 売上総利益 2億5,500万 | 販売費および一般管理費 2億円 |
| | | | 営業利益目標 5,500万 |

粗利益 ＞ 固定費

①目標利益を決める　(5,500万円)
②固定費を具体的につかむ
(2億円＋2,000万円)
③必要変動粗利益の内訳を計画
(2億7,500万円を部門別・担当者別・お客様別等)
④毎月完成工事高と変動粗利益額をチェック
(売上より変動粗利益額が重要)
⑤社員に公示して、変動粗利益額に興味をもたせる
(目標利益の達成に参加意識)
⑥目標利益の超過達成時のルール
(目標以上に稼いだときの分配ルール)
⑦社員さんには営業利益目標まで
(営業外費用、特別損益等、複雑化をさける)
(節税等、経営判断は別)

## 表10　年度利益計画

〈千円〉

| 部門 | | 完成工事高 | 変動粗利益 | 率 | 固定原価 | 売上総利益 | 部門販管費 | 共通販管費 | 営業利益 |
|---|---|---|---|---|---|---|---|---|---|
| 公共建築 | 元請 | 200,000 | 60,000 | 30.00% | 過年度完成工事のメンテナンス費 現場の確定不可産廃処理費等 | 建築部門としての粗利益 | 監督人件費 リフォームチラシ等 広告宣伝費等 | 管理部門 営業部門の人件費 本社諸経費60% | |
| | 下請 | 100,000 | 20,000 | 20.00% | | | | | |
| 民間建築 | 元請 | 200,000 | 70,000 | 35.00% | | | | | |
| | 下請 | 100,000 | 20,000 | 20.00% | | | | | |
| 建築合計 | | 600,000 | 170,000 | 28.33% | 6,000 | 162,000 | 40,000 | 84,000 | 38,000 |
| 公共土木 | 元請 | 150,000 | 50,000 | 33.33% | 土場の家賃 重機ダンプの減価償却費等 | 土木部門としての粗利益 | 監督人件費 技術教育費等 | 管理部門 営業部門の人件費 本社諸経費40% | |
| | 下請 | 100,000 | 25,000 | 25.00% | | | | | |
| 民間土木 | 元請 | 50,000 | 18,000 | 36.00% | | | | | |
| | 下請 | 100,000 | 12,000 | 12.00% | | | | | |
| 土木合計 | | 400,000 | 105,000 | 26.25% | 14,000 | 93,000 | 20,000 | 56,000 | 17,000 |
| 会社合計 | | 1,000,000 | 275,000 | 27.50% | 20,000 | 255,000 | 60,000 | 140,000 | 55,000 |

## 表11　儲かる建設会社にするために必要なこと

①計数管理で「見える化」

○会社が見えていないので、危機意識が経営者にない
○会社が見えれば対策が打てる

②利益意識の改革

○まず経営者が会社の維持・発展に利益の大事さを知る
○社員さんに知らせて計画に巻き込む

## 図8　自社の目標利益を作ってみよう

①目標営業利益　Ⓐ

＋

②販売管理費　Ⓑ

＋

③固定原価　Ⓒ

＝

④必要変動粗利益　Ⓓ

⑤Ⓓ＝工事ごとの粗利益で稼ぐ

Ⓓの内訳例

| 種別 | 完成<br>工事高 | 完成<br>工事原価 | 粗利益 | 率 |
|---|---|---|---|---|
| | | | | |
| | | | | |
| | | | | |
| | | | | |
| 合計 | | | Ⓓ | |

ーセント（5600万円）とで配分しています。売上高比率ではなく、社員数で配分するやり方などもあります。会社の実情に応じたやり方を採用するといいでしょう。

具体的な数値目標があれば、経営成績のチェックも毎月でき、目標値との差異の確認もできます。

改善事例⑯

## 部門ごとに目標・予算を適切に定める

年商10億円の建築・土木の部門をもつY社では、従来、売上目標高のみが目標数値でした。売上目標高を達成しても、粗利益の目標額を定めていなかったことに加え、販売管理費の部門分けもできていませんでした。

専門家のアドバイスを受けた結果、部門ごとの完成工事高と粗利益高目標、さらに固定原価や販売管理費などの支出予算を定めることができました。毎月の成績を役員や部門長で共有して、PDCAサイクル（Plan：計画を立てる⇩Do：実行する⇩Check：評価する⇩Action：改善する）で回せるようにもなりました。

また、3カ月ごとに会社の状況を社員に発表して把握させることで、一人ひとりが自社の成績に興味をもって仕事に取り組めるようになりました。販売管理費の予算も部門別に分けられたため、これまでのように社長1人が決裁をするのではなく、部門長に一部の権限が委譲されたことで、部門長の経営面への関与と責任が明確になり、幹部の育成にも役立っていると社長は感じています（**表11**参照）。

**②建設業は売上重視⇩粗利益重視**

建設業においては、完成工事高を目標にもつ会社が非常に多いのですが、完成工事高を達成しても、粗利益高が不足して赤字になる場合もあります。その理由は、変動粗利益に大きなバラツキが発生するためです。ここがほかの業種と大きく違う部分です。

一つひとつの工事粗利益が大きい工事もあれば、赤字の工事も現実には発生します。粗利益重視の考え方が定着すれば、いかにして粗利益を確保するか改善努力したり、粗利益の高い工事の受注を目指して営業努力したりするようになります。

**表12**をご覧ください。前年売上高に対して10パーセントアップの目標を達成したものの、

# 表12　売上重視→粗利益重視

〈千円〉

| 2010年4月 | 完成工事高 | 粗利益高 | 率 |
|---|---|---|---|
| 建築元請 | 400,000 | 112,000 | 28.00% |
| 建築下請 | 200,000 | 30,000 | 15.00% |
| 合計 | 600,000 | 142,000 | 23.67% |
| 固定原価 | | 20,000 | |
| 売上総利益 | | 122,000 | 20.33% |
| 販売管理費 | | 110,000 | |
| 営業利益 | | 12,000 | |

| 2011年4月 | 完成工事高 | 粗利益高 | 率 |
|---|---|---|---|
| 建築元請 | 250,000 | 70,000 | 28.00% |
| 建築下請 | 410,000 | 53,300 | 13.00% |
| 合計 | 660,000 | 123,300 | 18.68% |
| 固定原価 | | 20,000 | |
| 売上総利益 | | 103,300 | 15.65% |
| 販売管理費 | | 110,000 | |
| 営業利益 | | △6,700 | |

| 2012年4月 | 完成工事高 | 粗利益高 | 率 |
|---|---|---|---|
| 建築元請 | 400,000 | 112,000 | 28.00% |
| 建築下請 | 200,000 | 36,000 | 18.00% |
| 合計 | 600,000 | 148,000 | 24.67% |
| 固定原価 | | 20,000 | |
| 売上総利益 | | 128,000 | 21.33% |
| 販売管理費 | | 110,000 | |
| 営業利益 | | 18,000 | |

最終利益が赤字に転落した会社の事例です。元請工事の利益率の高い工事と、価格支配権のない下請工事の利益率の差が大きく響いています。

改善事例⑰

## 下請工事の粗利益率を改善

大工工事の得意な年商6億円のZ社では、創業当初は下請工事がメインでしたが、徐々に元請で受注できる体制を整えて、2010（平成22）年4月期には元請工事4億円、下請工事2億円の売上を達成しました。営業利益も1200万円稼ぐことができました。

翌年の目標は、10パーセントアップの6億6000万円を目指しましたが、元請工事が予定通り受注できなかったため、下請工事の受注を伸ばしました。結果、目標売上の6億6000万円は達成したものの、残念ながら増収減益の決算になりました。

赤字の計上となった反省から、専門家に依頼して、1件ごとに工事原価の検証から後追いで調査した結果、下請工事の粗利益率が想像以上に低いことがわかりました。

そこで、翌年の目標を、前々期の営業利益1200万円の確保にしました。対策としては、事前の積算段階で、下請工事の利益率が厳しい工事については受注しない方針とし、仕事を選んで受注しました。

その結果、下請工事の粗利益率が改善できました。社長自身がそう話しておられましたが、売上高を追求して、なりゆきで仕事を受注することの恐ろしさに気付き、下請工事も事前に検討して、赤字に近いような工事の受注を排除することが肝心だとわかったようです。下請工事の粗利益率も、13パーセントから18パーセントに改善でき、減収増益で営業利益が1800万円の好決算となりました。

### ③儲けの計画をPDCAサイクルで定期的にチェックする

本章第2節①で、儲けの計画を毎月チェックする体制づくりが必要だとお話ししました。**図9**をご覧ください。

具体的には、年度の利益計画で立案された計画に沿って、毎月試算表を作成し、試算表の完成工事高の中身を確認します。やり方は、試算表の完成工事高と工事ごとの完成工事高の照合です。その上で、会計から算出される完成工事原価が、工事ごとにかかる変動原価+固定原価と一致するかの照合を行います。それが合致していれば、売上総利益の金額が正しい数値と認識できます。

では、**表13**をご参照ください。このように、部門ごとの成績、工事別の成績、得意先別の成績、担当者別の成績など、作成されたプランに合わせて、どの部門が目標通り進んでいるか、どのお得意様からの利益が予定より少ないかなどを考えることができます。

図9　利益計画の月次チェック

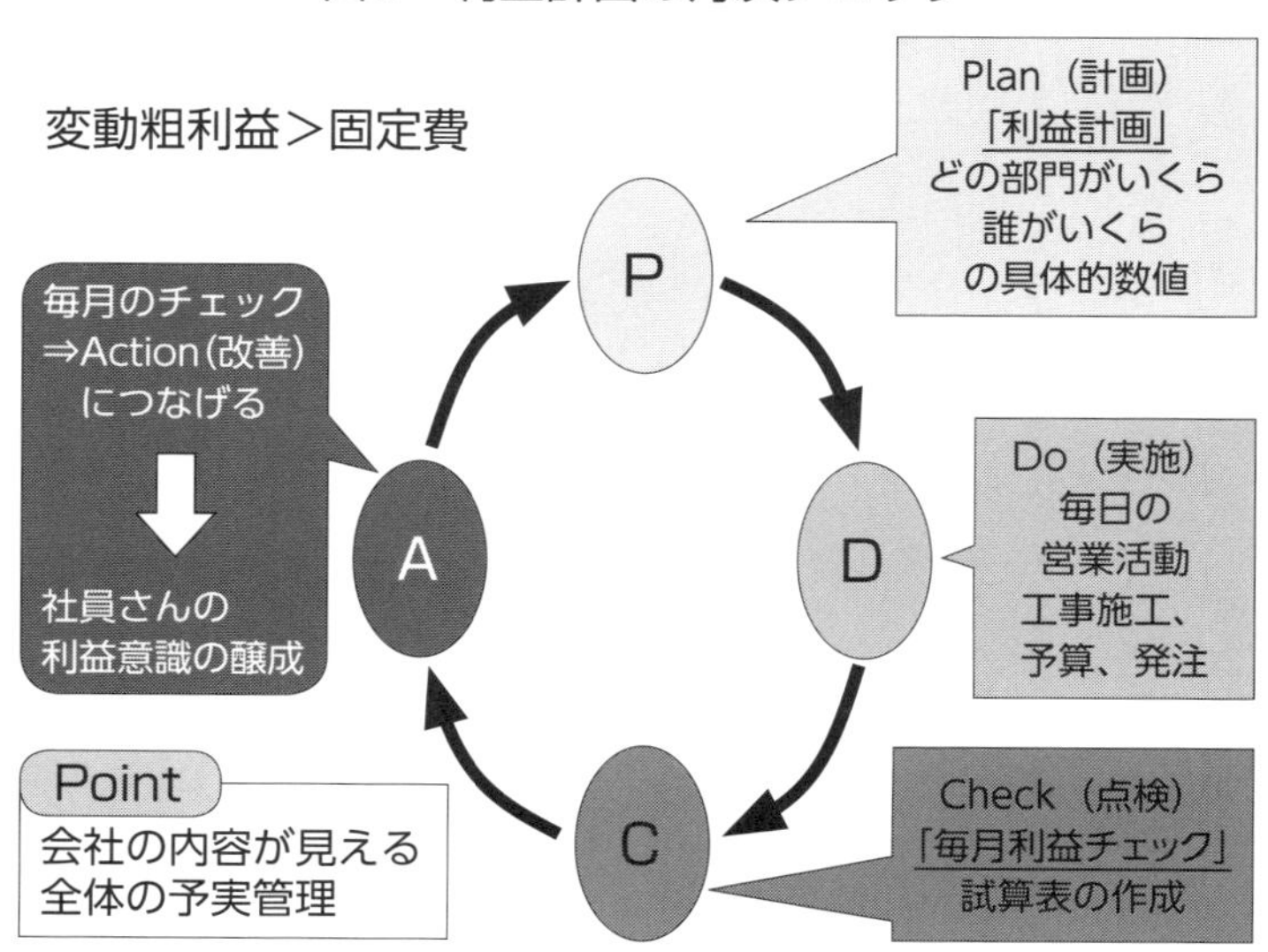

# 表13　試算表（○○年４月～○○年９月）

〈千円〉

|  |  |
|---|---|
| 完成工事高 | 300,000 |
| 完成工事原価 | 240,000 |
| 完成工事総利益 | 60,000 |
| 率 | 20.00% |
| 販売管理費 | 54,000 |
| 営業利益 | 6,000 |

部門別完成工事粗利益

| | 完成工事高 | 粗利益高 | 率 |
|---|---|---|---|
| 建築元請 | 100,000 | 30,000 | 30.00% |
| 建築下請 | 200,000 | 40,000 | 20.00% |
| 合計 | 300,000 | 70,000 | 23.33% |
| 固定原価 | 土場の賃料、重機ダンプの費用 | 10,000 | |
| 試算表 | 300,000 | 60,000 | 20.00% |

得意先別完成工事粗利益

| | 完成工事高 | 粗利益高 | 率 |
|---|---|---|---|
| 山田建設㈱ | 75,000 | 13,000 | 17.33% |
| ㈱藤田工務店 | 60,000 | 12,600 | 21.00% |
| ㈱加藤建設 | 55,000 | 10,500 | 19.09% |
| 荒木太郎元請 | 45,000 | 13,000 | 28.89% |
| 伊藤一夫元請 | 25,000 | 7,000 | 28.00% |
| 今井次郎元請 | 15,000 | 4,500 | 30.00% |
| その他 | 25,000 | 9,400 | 37.60% |
| 合計 | 300,000 | 70,000 | 23.33% |

工事別完成工事粗利益

| | 完成工事高 | 粗利益高 | 率 |
|---|---|---|---|
| 伊藤邸新築工事 | 25,000 | 7,000 | 28.00% |
| 荒木アパート新築工事 | 45,000 | 13,000 | 28.89% |
| その他リフォーム工事 | 30,000 | 10,000 | 33.33% |
| 元請小計 | 100,000 | 30,000 | 30.00% |
| 山田建設花丸スーパー改装 | 40,000 | 6,000 | 15.00% |
| 加藤建設LMマンションリフォーム | 50,000 | 9,000 | 18.00% |
| 藤田工務店栄町集合住宅新築 | 55,000 | 11,000 | 20.00% |
| 山田建設近藤邸新築工事 | 25,000 | 5,000 | 20.00% |
| その他下請工事 | 30,000 | 9,000 | 30.00% |
| 下請小計 | 200,000 | 40,000 | 20.00% |
| 合計 | 300,000 | 70,000 | 23.33% |

担当者別完成工事粗利益

| | 完成工事高 | 粗利益高 | 率 |
|---|---|---|---|
| 渡辺 | 80,000 | 14,000 | 17.50% |
| 佐藤 | 70,000 | 15,000 | 21.43% |
| 大野 | 60,000 | 14,000 | 23.33% |
| 田中 | 50,000 | 14,000 | 28.00% |
| 鬼頭 | 40,000 | 13,000 | 32.50% |
| 合計 | 300,000 | 70,000 | 23.33% |

利益計画の月次チェックを実施することで、全体の計画の進捗がわかります。上手くいっているときには、節税対策や、事業の投資計画などを考えることができます。一方、計画より大きく下回った場合は、早期に対策を講じることで、最終決算の赤字を避ける作戦が立てられます。

要は、稼ぐことができる変動粗利益より、固定原価や販売管理費が下回れば黒字、上回れば赤字と明確に予測できます。社員に公示することで、一人ひとりの稼ぎや担当した工事の成績からも利益に対する意識が醸成され、工事部担当者のみなさんのモチベーションアップにも役立ちます。

改善事例⑱

## 成績の「見える化」

建築工事業の年商6億円のZ'社では、従来は税理士さんが出される試算表だけで会社の成績を確認していましたが、専門家の指導を経て、会社の月次試算表の内容を正しく把握することができるようになりました。

また、会議などを通して、工事担当者ごとの成績を発表することで、会社のお金に対する意識が変わり、自分の現場がその源泉になる意識が出てきました。工事担当者が、自分の工事ごとの利益だけで貢献しているつもりだったのが、土場の家賃や重機にかかる修理費なども意識し、自分達の人件費や本社経費などがかかることも理解して、会社全体に目配りできるよ

## 図10　目標達成グラフ

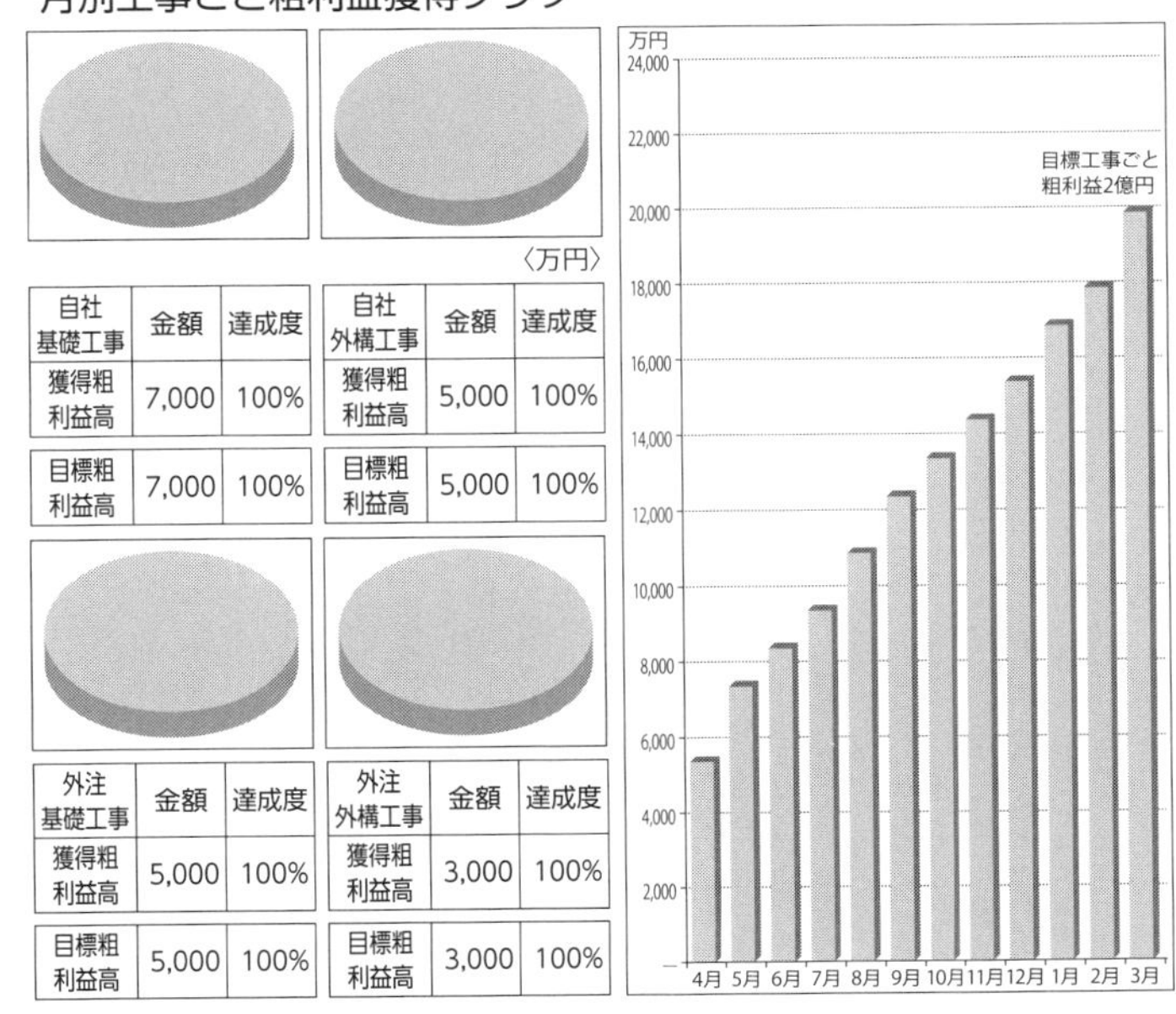


| 自社基礎工事 | 金額 | 達成度 |
|---|---|---|
| 獲得粗利益高 | 7,000 | 100% |
| 目標粗利益高 | 7,000 | 100% |

| 自社外構工事 | 金額 | 達成度 |
|---|---|---|
| 獲得粗利益高 | 5,000 | 100% |
| 目標粗利益高 | 5,000 | 100% |

| 外注基礎工事 | 金額 | 達成度 |
|---|---|---|
| 獲得粗利益高 | 5,000 | 100% |
| 目標粗利益高 | 5,000 | 100% |

| 外注外構工事 | 金額 | 達成度 |
|---|---|---|
| 獲得粗利益高 | 3,000 | 100% |
| 目標粗利益高 | 3,000 | 100% |

うになりました。それまで、社長だけが儲けなければと考えていたのが、だんだん多くの社員にその意識が芽生え、良好な状況になりつつあります。

社内には、目標数値の達成に向けて、毎月の変動粗利益を棒グラフで表示しています（**図10**参照）。グラフで毎月の成績を「見える化」し、達成時には大きな達成感を得るとともに、社員一同、仕事に対して興味をもって取り組むことができています。

### ④儲けの中身と参加資格（幹部社員や現場監督などの会社に対する意識）

前項でご紹介した資料をもとに計数管理が実施され、その内容が明らかになることで、会社経営に対する幹部社員さんや工事担当者さんの意識の醸成ができるとお話ししました。

ただ、誰にでも公示していいというわけではありません。会社の数値を知る、または語る資格のある人にのみ公示すべきだと思います。

たとえば、現場の作業だけをする職人さんや現場担当者の方で、話してよいことと悪いこととを判別できる人材にはお話しできますが、判別できない方や自分の主張ばかりが強い方などについては、十分な検討が必要です。

会社に対する意識、仕事に取り組む姿勢などについて評価基準を設け、会議への参加資格を与えるとよいでしょう。ただ、幹部社員と期待されている人材や、現場を実際に取り仕切る人については、参加資格を有する気持ちをもっていただいた上で、会議に加わってもらうことが必要です。

その辺りは、会社の社員教育との兼ね合いになります。もし、知らせることのできない人が幹部社員にいたり、現場の予算や支出にかかわる監督職がいたりすることがあれば、疑問です。現場監督（担当者）は、工事を施工する際に、請負人（会社）の代理人として工事現場の運営取り締まりを行う者です。つまり、現場で社長の代理人としてすべてを取り仕切る人ですから、会社の成績を見せることができないような人には、ふさわしくないといえるでしょう。

**⑤誰が儲けさせてくれたか**

この項は、利益の拡大に努める専門工事会社のご紹介です。

お客様ごとの完成工事高と変動粗利益高の数値算出を正しく管理すれば、どのお客様のどんな種類の工事から利益を得ることができたかを知ることができます。

# 表14　専門工事会社

元請別・工事部門別（完成工事高・獲得粗利益高）　〈万円〉

| 元請名 | 部門名 | 完成工事高 | 粗利益 | 粗利益率 | 売上比率 | 粗利益比率 |
|---|---|---|---|---|---|---|
| a工務店 | 自社基礎工事 | 2,000 | 400 | 20.00% | | |
| | 自社外構工事 | 0 | 0 | 0% | | |
| | 外注基礎工事 | 14,150 | 1,780 | 12.58% | | |
| | 外注外構工事 | 0 | 0 | 0.00% | | |
| | 元請合計 | 16,150 | 2,180 | 13.50% | 17.00% | 10.90% |
| b建設 | 自社基礎工事 | 1,500 | 400 | 26.67% | | |
| | 自社外構工事 | 5,000 | 1,500 | 30.00% | | |
| | 外注基礎工事 | 1,500 | 320 | 21.33% | | |
| | 外注外構工事 | 3,000 | 780 | 26.00% | | |
| | 元請合計 | 11,000 | 3,000 | 27.27% | 11.58% | 15.00% |
| cホーム | 自社基礎工事 | 1,500 | 315 | 21.00% | | |
| | 自社外構工事 | 1,500 | 430 | 28.67% | | |
| | 外注基礎工事 | 4,000 | 825 | 20.63% | | |
| | 外注外構工事 | 2,600 | 630 | 24.23% | | |
| | 元請合計 | 9,600 | 2,200 | 22.92% | 10.11% | 11.00% |
| d建設 | 自社基礎工事 | 2,000 | 260 | 13.00% | | |
| | 自社外構工事 | 500 | 100 | 20.00% | | |
| | 外注基礎工事 | 4,500 | 285 | 6.33% | | |
| | 外注外構工事 | 500 | 55 | 11.00% | | |
| | 元請合計 | 7,500 | 700 | 9.33% | 7.89% | 3.50% |
| | | | | | | |
| 合計 | 自社基礎工事 | 32,000 | 7000 | 21.88% | | |
| | 自社外構工事 | 18000 | 5000 | 27.78% | | |
| | 外注基礎工事 | 31000 | 5000 | 16.13% | | |
| | 外注外構工事 | 14000 | 3000 | 21.43% | | |
| 総合計 | | 95,000 | 20,000 | 21.05% | 100.00% | 100.00% |

自社施工は固定費（土場の家賃・車両経費等）別途約5%の固定原価が必要

さらに、粗利益目標に対するグラフを用いて、毎月の会議で社員が進捗状況を共有し、目標管理を実践しておられます（**図10、表14**参照）。

**改善事例⑲**

## 元請別の粗利益のデータを活用

専門工事業の年商10億円規模のA社では、

①個別原価の管理
②月次試算表の作成
③元請別粗利益の改善
④毎月末時の未成工事の把握

という4つの課題を解決すべく、建設業原価管理ソフトの導入と運用指導を専門家に依頼して業務の改善に努めました。

その結果、**表14**「専門工事会社　元請別・工事部門別（完成工事高・獲得粗利益高）」のように、元請別で工事の部門別の粗利益がわかるようになりました。毎月末の未成工事の内訳がわかるため、正しい試算表が作成できるようになり、元請別の粗利益にバラツキがあることもわかりました。そして、毎月、工事資料の作成後、社員みんなが会社の成績を共有するために、会議で目標数値に対しての進捗度の報告を行うようになりました。

会社全体の大きな成果としては、次の6つが挙げられます。

**①粗利益5パーセント上昇、生産力向上**

最も取引の多いa工務店の自社基礎工事の粗利益率が、以前は15パーセント程度だったことがわかりました。改善策として、担当エリアを自社の近くを中心にしてもらえるよう元請先に交渉しました。これが実現したことで、作業員の現場到着時間が早くなり、移動時間に関する経費が削減され、現在は20パーセントの粗利益になりました。

また、自社工事から外注工事に比率を変更した結果、自社の施工部隊を新規のお客様などに回すことができ、生産力の向上につながりました。

### ②受注金額がアップ

d建設の粗利益が他社と比較して著しく低いことから、d建設に現在の提示金額では仕事が継続できないことを思い切って相談した結果、翌年には金額が改善されました。まだ平均の利益率よりは低いですが、多少でも改善できたことと、それ以降、受注時に無理な金額を提示された工事は、お断りできるようになりました。

### ③社員の意識向上

毎月会議で会社の数値を共有できる成果として、現場担当社員に金額に対する意識が芽生えました。元請先への金額の交渉力や、下請先に対してのロスのない現場施工の段取りなど、儲けを増やすための意識向上が見られるようになりました。

### ④仕事量の確保

大型工事などで、当初から金額の厳しい工事については、協力業者さんに最初から仕事量の確保のための協力をお願いするなどの改善もありました。

**⑤原価が把握できた**

自社の固定原価について1年間集計したところ、外注工事に比べて約5パーセントの実質原価がかかることがわかりました。

**⑥営業戦略にもよい変化が**

当然ながら、利益率の良好なb建設の仕事が増えれば、d建設の3分の1の仕事量で同じ粗利益の確保ができることもわかりました。営業戦略的にもb建設からの受注に重点を置き、新規のお客様開拓に利益額の意識をもって臨めるようになりました。

以上が、元請会社ごとの売上高や粗利益のデータが活用されたよい事例です。

column 4

## 安全協力会の設立

安全協力会は、当該会社の現場での労働災害を防ぐことが最重要目的です。そのために安全協力会を設立し、堅固な安全管理体制づくりを行うことが大切です。

大きな労働災害事故が発生すると、急ごしらえで安全に対する取り組みが始まる建設会社もありますが、事故が起きてからでは遅すぎるのです！

また、大きな会社がすることと思っている経営者も多く見受けられます。中小の建設会社では、まだまだ安全協力会が設けられていない会社が少なくありません。ここでは、安全協力会の設立を進める目的でお話しさせていただきます。

安全協力会費の徴収だけを、値引きのように支払時に相殺する会社もありますが、前向きな安全に対する取り組みに会費を運用することが必要です。

設立・運営については、２種類の方法があります。まず、主な協力会社の経営者などに、正式に安全協力会の役員をお願いします。そして、会社のお金ではなく、別途、安全協力会名義の通帳を作成し、支払時に相殺したお金を安全協力会の通帳に移すやり方です。正しい方法だと思いますが、役員さんの選出や規約作りなどハードルは高くなります。

比較的簡単な方法は、「この度、現場の労働災害を防ぐ目的で、安全協力会を設立させていただきました。つきましては、○月○日のお支払時より、会費としてお支払額の1000分の5を徴収させていただきます」といった文書を作成して、協力会社などにファックスで送ります。この案内だけで、安全協力会を始められた会社もあります。その場合の会費の会計処理については、第2章第3節と第4節でご紹介しています。

個人的な意見ですが、年商5億円ほどの会社であれば、協力業者さんなどへの支払額が3億円として、会費の徴収率が1000分の5としても、約150万円の予算が生まれます。このお金を有効活用すれば、安全に関する取り組みが始められると思います。

社会保険の加入と同じように、社会的な流れは、安全に対してもグレーな状況が許されなくなっています。また、大きな労働災害などが起きれば、会社の信用や存続も危ぶまれます。しかしながら、残念なことに、大きなリスクを抱えながらも無策でいる会社が存在するのも事実です。

大手の下請工事などを担当している会社では、大手建設会社の指導や提出書類を揃えることで、書類面での知識や実力はついているのですが、意識面ではまだまだ不十分のようです。元請工事が主体の中小建設業では、安全書類の作成さえできず、本来であれば、揃えなければいけない立場であっても、何も実施できていない会社もあります。

これらのことを一気に解消するのは無理でも、徐々に対応できる建設会社になることが、将来生き残る建設会社の最低条件ではないかと思います。そのための安全協力会設立の有効性をお考えいただきたいと思います。

協力業者から見れば、会費の徴収だけでメリットがないと思われがちですが、安全の活動を通して、協力会社の将来にとっても有益な費用になることは間違いないと思います。

安全大会の開催、書類の整備についての理解、安全パトロールの実施、健康診断の実施、安全に対する教育支援、万一のために上乗せ労災保険への加入、不幸にも労働災害事故が自社の社員や協力業者で起きた場合の対処……必要なこと、実施しなければいけないことは、たくさんあります。私は、安全コストの分散化と、実際に活動することによって、社員さんおよび協力業者の安全に対する意識向上が可能だと確信しています。

自社の協力業者会の腕章を付けて、「○○建設安全協力会です。本日は安全パトロールに訪問させていただきました」と、大手の現場に出向けば、元請会社の信用獲得やイメージアップも含めてプラス面が大きいと思います。

ぜひ、今お読みいただいている中小建設業の経営者で、安全協力会ができていない会社さんには、早急に取り組んでいただきたいと思います。

# 第4章

# 儲けを増やす方法

## 大事なのは粗利益

# 1　非常に多い！　中小建設業の売上もれ防止策

第1章でもお話ししましたが、中小建設業において、多くの会社で売上もれが発生しています。我が社に限ってそんなことはあり得ないと思われても、気付いていないだけではないでしょうか。

大きく2つの理由から、売上もれが発生します。

1つは、請求書を発行する仕組みの問題です。リフォーム会社などで多く見かけるケースです。

大きな工事は、契約書や契約金などの仕組みがあり、売上もれが発生することはほとんどありません。しかし、小さなメンテナンス工事などについては、お客様から直接、現場の担当者に電話が入ります。その場で職人さんの手配や材料の手配が行われ、社内では、その工事の存在を担当者以外誰も知りません。そして、工事が実施されます。問題はその後です。

担当者が自分で内訳明細書などを作った後、事務員さんに請求書の発行を指示するのが通常の流れです。しかし、大変忙しい現場担当者が、その作業を後回しにしたり、忘れてしまったりすることがあるのです。朝早くから、夜遅くまで働いている現場の監督さんです。その可能性が高いことは、想像に難くないのではないでしょうか。

もう1つは、大手の建設会社などから、下請で受注した仕事で、注文書がない状態で工事が始まるケースです。

追加工事や、先行して現場に入らなければいけないような場合に多く発生します。なぜなら、元請会社から、実施した仕事のすべてについて注文書を切られることがないからです。

大手の建設会社は、実行予算の承認後しか注文書を発行できないルールがあったり、お客様との契約ができてからしか注文書を発行できなかったりします。しかも、注文書が発行されるまでのタイムラグが大きく、お客様との契約ができないケースすらあります。

私の経験では、ある大手建設会社の役員から「お客様からお金がもらえんので、御社にも払えん」と言われたことがあります。確実に仕事の依頼を受けた工事でも、こんなことを堂々と言われます。ほかの業種ではあり得ない話が、建設業界のあるある話としてまかり通っているのです。

また、私のクライアントの建設会社で、異常に利益率が上がった工事がありました。なぜかと調べてみると、下請からの請求書が忘れられていました。こうしたケースは、たびたび見受けられます。

では、どうすればいいのでしょうか。改善事例を参考にして、請求もれのないように、会社の請求書発行の仕組みを作っていただきたいと思います。

請求もれが、たとえば１００万円あったとします。工事は終了していますので、工事の原価は支出済です。請求書を発行していないだけです。これは、最終利益が１００万円なくなることであり、１００万円のキャッシュを失うことでもあります。

その重要性を念頭において、対策や売上もれが発生しない仕組みを作っていただきたいのです。１００万円の儲けを失うことがなくなれば、１００万円の儲けを増やすことになるからです。

改善事例⑳

## 請求もれを防ぐ

建築工事などリフォーム工事が主体の年商4億円のE社では、社長や専務も現場をもっている営業兼現場担当者です。地元に密着したお客様の多い会社で、当然、労働時間も長くなります。

協力業者からの請求書には目を通してサインし、経理に回していましたが、お客様からは、たびたび「早く請求書をください」と言われたり、見積書の金額でお金が振り込まれたりすることがありました。

個人のお客様は、仕事を依頼する時点でお金の準備もしてあり、早く支払いたい気持ちがある方が多いのです。E社の経営者は、これは何とかしなければと、業務改善の必要性を感じていました。

そこで、建設業用原価管理ソフトを導入して、すべての職人さんの日報、専門工事業者さんからの請求書などに工事番号を付け、工事名や発注者などを登録した後、毎月の請求書を工事番号ごとに仕分けして入力するようにしました。

ここでのポイントは、事務方ではなく、すべて現場の担当者が仕分けを行うことです。日報や協力業者からの請求書の仕分けをすることで、1カ月前に実施した工事を思い出せるようになるからです（図11参照）。

「この作業を行っていなかった頃は、多くの請求もれがあった」と、経営者は反省しておられました。各業者への支払いも、忘れることなく実施されるようになりました。

また、毎月、工事番号ごとに、請負金額の100パーセントの請求書を発行できた工事は完成工事として、未請求や請負金額

図11　意外に多い請求もれ（現金と最終利益の減少）

**改善事例（改善前に比べて数百万のキャッシュの増加）**

①職人さんの日報・協力業者の請求書等すべてに工事番号を付け
　工事名等を登録⇒工事番号ごとに仕分け
　（仕分け時にやった仕事を思い出す）

②工事番号ごと　担当者ごとに　{ 請求済 ⇒ 完成工事 / 未請求 ⇒ 未成工事 }　**一覧表表示**

③完成工事一覧表から　請金－原価＝利益
　（1カ月にいくら稼いだか担当者自身もわかる）

④未成工事一覧表から担当者確認
　未請求⇒金額を決め請求書発行

の全額が請求できていない工事は未成工事として、それぞれ一覧表にし、担当者に配布するようにしました。仕分けをしただけで、業務が改善されたわけではありません。この一覧表こそが重要なのです（**表15～17**参照）。

完成工事の一覧表には、請負金額や支出原価、入金額、請負金額と支出原価の差が工事の粗利益として表示され、自分が1カ月いくらの粗利益を稼いだのか、わかるようになりました。個人別の目標が設定され、毎月の進捗状況を自分で把握できるようになり、利益意識が芽生えました。

未成工事の一覧表には、今までに支払った原価の総額が表示されています。その内容から、工事が終了しているのに請求が行われていない工事が発見され、契約未実施の工事があれば、お客様への連絡など金額の打合せを経て、請求書が発行され、売上もれがなくなる仕組みが整いました。

工事が終了していても請求不可能な案件、たとえば、引渡し後1年以内のメンテナンス工事やクレームによる工事などは、未成工事として残さないようにします。それぞれメンテナンス工事やクレーム工事の扱いとし、年間でどのくらいの金額をロス工事に費やしたかも「見える化」できるようになりました。

## 表15　工事別収支管理表（月別・担当別）完成工事一覧表

（9月分）〈円〉

| 工事番号 | 工事名 | 得意先名 | 担当 | 請負金額 | 完成工事原価 | 粗利益額 | 粗利益率 | 入金金額 | 残受入金額 |
|---|---|---|---|---|---|---|---|---|---|
| 280010 | 安藤邸内装工事 | 安藤　豊 | 高木 | 485,000 | 308,000 | 177,000 | 36.49% | 485,000 | 0 |
| 280180 | 伊藤邸キッチン改修工事 | 伊藤一郎 | 高木 | 2,580,000 | 1,885,000 | 695,000 | 26.94% | 1,290,000 | 1,290,000 |
| 280220 | 山田ビル改修工事 | 山田太郎 | 高木 | 5,000,000 | 3,789,000 | 1,211,000 | 24.22% | 1,500,000 | 3,500,000 |
| | | | | | | | | | |
| | | | | | | | | | |
| 合計 | | | | 12,065,000 | 8,854,500 | 3,210,500 | 26.61% | 5,275,000 | 6,790,000 |
| | 今期累計金額 | 7月～9月 | 高木 | 27,890,000 | 20,059,700 | 7,830,300 | 28.08% | 20,850,000 | 7,040,000 |

## 表16　工事別収支管理表（月別・担当別）未成工事一覧表

（9月30日現在）〈円〉

| 工事番号 | 工事名 | 得意先名 | 担当 | 請負金額 | 未成工事支出金 | ※工事差額 | 実行予算 | ※予定利益額 | 未成工事受入金 | 残受入予定額 |
|---|---|---|---|---|---|---|---|---|---|---|
| 280030 | 荒木邸門扉改修工事 | 荒木一郎 | 遠藤 | 500,000 | 380,000 | -130,000 | 380,000 | 120,000 | 250,000 | 250,000 |
| 280080 | 加藤邸クロス補修工事 | 加藤　司 | 遠藤 | 0 | 170,000 | -170,000 | — | — | 0 | — |
| 280190 | 落合邸浴室改装工事 | 落合英雄 | 遠藤 | 870,000 | 100,000 | 335,000 | 600,000 | 270,000 | 435,000 | 435,000 |
| | | | | | | | | | | |
| | | | | | | | | | | |
| | | | | 2,780,000 | 1,280,000 | -295,000 | 2,000,000 | 780,000 | 985,000 | 1,795,000 |

※工事差額は未成工事受入金と未成工事支出金の差額で現状の先行支出額を表示します。

※予定利益額は請負金額と実行予算の差額で利益見込を表示します。

結果として、以前は債務超過で厳しい経営状況の建設会社でしたが、毎期、安定的な経常利益が稼げるようになり、現在では、節税対策に頭を悩ませるほどの会社に成長されました。

ここで、今一度、私が申し上げたいのは、請求もれは売上金額の減少ではなく、最終利益の減少、キャッシュの減少につながる行為だということです。

表17　担当者別完成工事粗利益高合計一覧表

26年8/1～27年7/31
〈円〉

| | 完工高 | 粗利益 | 利益率 |
|---|---|---|---|
| 伊藤 | 23,098,953 | 5,031,473 | 21.78% |
| 高木 | 128,642,544 | 24,624,403 | 19.14% |
| 篠田 | 38,895,482 | 10,350,627 | 26.61% |
| 遠藤 | 69,952,787 | 17,138,366 | 24.50% |
| 花井 | 67,583,020 | 20,239,112 | 29.95% |
| 新藤 | 23,311,012 | 3,632,050 | 15.58% |
| 服部 | 23,590,980 | 12,371,625 | 52.44% |
| 平山 | 25,004,530 | 5,806,200 | 23.22% |
| | 400,079,308 | 99,193,856 | 24.79% |

## 2 中小建設業の値引き防止の仕組み作り

中小建設業は、売上もれとともに値引きが大変多い業種でもあります。この節では、値引きを減らす努力と、その仕組み作りについてお話しします。

下請施工中心の会社では、元請会社からの指示価格で請負金額が決まる仕組みがあります。一応の見積書は提出しますが、その金額を大きく割り込む注文書が到着する場合もあります。前章**表13**（117ページ参照）の元請ごとの粗利益などを参考に交渉して、場合によっては、仕事をしても利益が確保できない元請先との取引を減らすのも選択肢の1つです。

また、元請として施主様から直接工事を請け負う会社でも、競合先との関係から、値引きを強いられるケースも見受けられます。お客様との交渉の場で、いとも簡単に、大幅な値引きを了解するケースもあります。

ここで申し上げたいのは、予定原価を頭に入れて交渉する場合と、そうでない場合との差が大きいということです。利益率が低いと想定される工事については、担当者だけの判断で値引きするのでなく、一旦、会社に持ち帰り、決裁を経てから了解することが重要です。

改善事例㉑

## ルールによって粗利益率を上げる

公共工事などゼネコンの下請工事の土木部門と、住宅の新築工事やリフォームなどの建築部門があり、年商8億円の建設業F社のケースです。2014（平成26）年度の決算で、完成工事高は前年対比で横ばいでしたが、経常利益は減益となったF社では、粗利益率を上げるため、業務の改善に取り組むことにしました。

数年前から原価管理を行い、数値の「見える化」はできていました。しかし、土木下請工事の粗利益率7・48パーセントという低さが、全体の粗利益率を大きく減少させていました。粗利益率低下の原因の1つは、土木下請工事の中に赤字案件が3物件あり、粗利益が一桁台の工事が多発しているからではないかと考えました。

もう1つは、公共工事の建築部門で、厳しい条件下で受注した大型物件の工事が、5パーセント程度のわずかな粗利益しか稼げなかったことが要因であると判断しまし

## 表18　年度売上利益対比

土木・建築　売上　粗利益　内訳　　25.11月〜26.10月

〈千円〉

| | 完工高 | 粗利益 | 利益率 | 売上構成比 | 粗利益構成比 |
|---|---|---|---|---|---|
| 土木・元請 | 215,574 | 51,060 | 23.69% | 26.66% | 47.07% |
| 土木・下請 | 341,660 | 25,562 | 7.48% | 42.25% | 23.57% |
| 土木合計 | 557,234 | 76,622 | 13.75% | 68.91% | 70.64% |
| 建築・元請 | 215,624 | 26,296 | 12.20% | 26.67% | 24.24% |
| 建築・下請 | 35,732 | 5,551 | 15.54% | 4.42% | 5.12% |
| 建築合計 | 251,356 | 31,847 | 12.67% | 31.09% | 29.36% |
| 完工高合計 | 808,590 | 108,469 | 13.41% | 100.00% | 100.00% |

土木・建築　売上　粗利益　内訳　　26.11月〜27.10月

〈千円〉

| | 完工高 | 粗利益 | 利益率 | 売上構成比 | 粗利益構成比 |
|---|---|---|---|---|---|
| 土木・元請 | 146,780 | 38,450 | 26.20% | 24.19% | 33.15% |
| 土木・下請 | 204,680 | 32,236 | 15.75% | 33.74% | 27.80% |
| 土木合計 | 351,460 | 70,686 | 20.11% | 57.93% | 60.95% |
| 建築・元請 | 227,956 | 41,032 | 18.00% | 37.57% | 35.38% |
| 建築・下請 | 27,273 | 4,258 | 15.61% | 4.50% | 3.67% |
| 建築合計 | 255,229 | 45,290 | 17.74% | 42.07% | 39.05% |
| 完工高合計 | 606,689 | 115,976 | 19.12% | 100.00% | 100.00% |

た。

これらを解消するために、1000万円以上の大型工事については、受注前に社長も含めた検討会議を行い、積算資料などからおおまかな粗利益額を計算し、受注の可否を決定することにしました。

また、従来は担当者レベルで、値段交渉も含めた受注の決済を行っていたものを、受注段階で15パーセントの粗利益確保に自信がもてない工事は、必ず社長に相談をして決裁を仰ぐよう、ルール化しました。

なかには、厳しい条件でも受けざるを得ない場合もありましたが、このルールを守ることで、受注段階で粗利益を意識する体制ができました。さらに、これをきっかけに、ほかの部門でも粗利益率が向上しました。翌年度は、売上高としては2億円ほどの減少となりましたが、粗利益額は700万円増額して、減収増益の決算となりました。粗利益率は、5・71パーセントアップできました。最大の効果は、社内に利益に対する意識づけができたことです（**表18**参照）。

# 3 粗利益増加は、追加工事の受注増と工程管理

この節では、粗利益増加策として、追加工事の受注の有効性についてお話しします。

本工事を受注するまでには、積算や営業活動などに労力を費やし、人件費などの固定費を使っているわけです。追加工事には、2つの視点があります。

1つは、実際にお客様からの要望で、工事の追加項目があった場合の対処です。追加にかかった費用などの見積もりをいち早く提示して納得していただき、工事に取りかかります。そして、追加にかかった原価などを本工事の予算と切り離して、別途、追加工事分の原価を管理します。

まずい例を挙げますと、追加工事の依頼をお客様からいただき、工事は施工するのですが、お客様への金額の打合せを後回しにして、最後に「追加工事にこれだけかかりましたので……」と請求するようなケースを見かけます。資金的な負担や、ほかの要因でお客様が不満をもち、追加工事で赤字を出すケースです。

もう1つは、現場担当者が意識的に追加工事を受注するケースです。たとえば、住宅工事などで本契約にない照明器具やカーテン工事などの受注を増やすことで、粗利益高も同

様に増やすことが大事です。なぜなら、**表19**のように、追加工事については固定費がかからず、粗利益の増加が営業利益の増加につながるからです。これが、担当者に意識していただきたい粗利益の増加策です。

また、工程管理も担当者の重要な仕事の１つです。とくに、土木工事など自社の労務費がかかる現場では、工期の短縮が粗利益の向上に直結します。なぜなら、労務費における作業員の人件費の原価比率が高いからです。建築などでも、工期の遅れから竣工間際になって応援の職人さんがたくさん入り、その追加労務費が、最終原価の増加を招き、赤字を発生させる要因の１つになっています。

多くの要因は、工程管理のミスから発生し

表19　A邸粗利益変遷表

〈円〉

| 工事名 | 請負金額 | 完成原価 | 粗利益 | 固定費 | 営業利益 |
|---|---|---|---|---|---|
| A邸<br>新築工事 | 25,000,000 | 18,750,000 | 6,250,000 | 6,000,000 | 250,000 |
| 天窓<br>追加工事 | 500,000 | 375,000 | 125,000 | ほぼ0 | 125,000 |
| キッチン仕様<br>変更工事 | 500,000 | 375,000 | 125,000 | ほぼ0 | 125,000 |
| 照明カーテン<br>追加工事 | 1,000,000 | 800,000 | 200,000 | ほぼ0 | 200,000 |
| 合計 | 27,000,000 | 20,300,000 | 6,700,000 | 6,000,000 | 700,000 |

固定費は本社経費等の見込み額です。
追加の固定費は現場担当者の手間賃以外はかかりません。
したがって、会社全体へのこの現場の利益の貢献は25万⇒70万に増加となります。

ます。工期が遅れれば、作業員の労務費だけでなく、重機などの機械損料や担当者の人件費といった付帯経費も大きくかかり、会社全体の損失につながります。担当者の工程管理の優劣が、粗利益アップの重要なキーワードとなるわけです。

## 4 簡単な実行予算の立て方

建設業の原価管理は、次の7つを意識して行うことが大切です。

①早期に実行予算を作成し、着工前に利益予測を立てること
②ゆるめの予算にせず、工事部長または社長決裁によって実行予算を成立させること
③専門工事の業者とは値決めをして、契約発注すること
④工種ごと、項目別や業者別工程ごとに、具体的な実行予算を作成すること
⑤実行予算をにらみながら、毎月、支出管理を行うこと
⑥工事出来高に沿って、業者の出来高払いを実行すること
⑦発生原価と実行予算の内容を正確に対比させ、工事の完成に導き、最終原価の確認までをコントロールすること

これらは、原価を管理し低減させる基本的なルールであり、業務フローともいえますが、残念ながら、中小建設業では運用している会社が少ないのが現状です。工事の担当者の個人的な資質に頼る部分が多く、実行予算管理ができる担当者とできない担当者が存在します。実行予算管理ができる担当者には、当然ながら、予算を守る意識があり、利益も確保できる人が多いのです。一方、上手く予算管理ができない担当者の場合は、なりゆきでの支出が多く、現場で利益を失うケースが多く見られます。

また、実行予算の運用で原価管理をしている会社は、儲かるケースが多いのも事実です。実行予算に限らず、決められたルールに従って淡々と仕事を進めることができる会社は、財務のプロから見ても素晴らしい企業だといえます。

そういった基本ルールが守られていない会社は、まず、営業担当者や工事担当者に、受注時には必ず予定利益率を書くよう義務づけましょう。**図12**をご覧ください。受注時の見込みを資料に残しておくだけでも、原価低減に役立ちます。

そこから、大型工事などは現場の担当者が実行予算を立て、積算落ちなどを再チェックします。担当者ができない場合や大型工事以外は、請負金額×予定利益率＝予定利益として記録しておきます。

そして、その予定利益を1つの指針として、最終原価と見比べます。予定利益と最終利益の差額が大きい工事については、工事台帳などを参考に原因を究明します。積算見積もりや業者見積もりに間違いがある場合もありますし、工事施工中のロスや発注ミスなどが原因である場合もあります。ここを把握することで、全体に改善させる意識が生まれます。

予定利益率を紙に落とし込むことで、受注者に利益に対する意識を植え付け、施工担当者にも利益に対する意識向上を促します。そして、受注時の見込利益と実行予算の予定利益、最終利益、3つの利益を比べて、差額の原因を話し合うことで、工事に携わる社員の利益意識の向上につながるのです。

**図12　工事利益の変遷をつかむ**

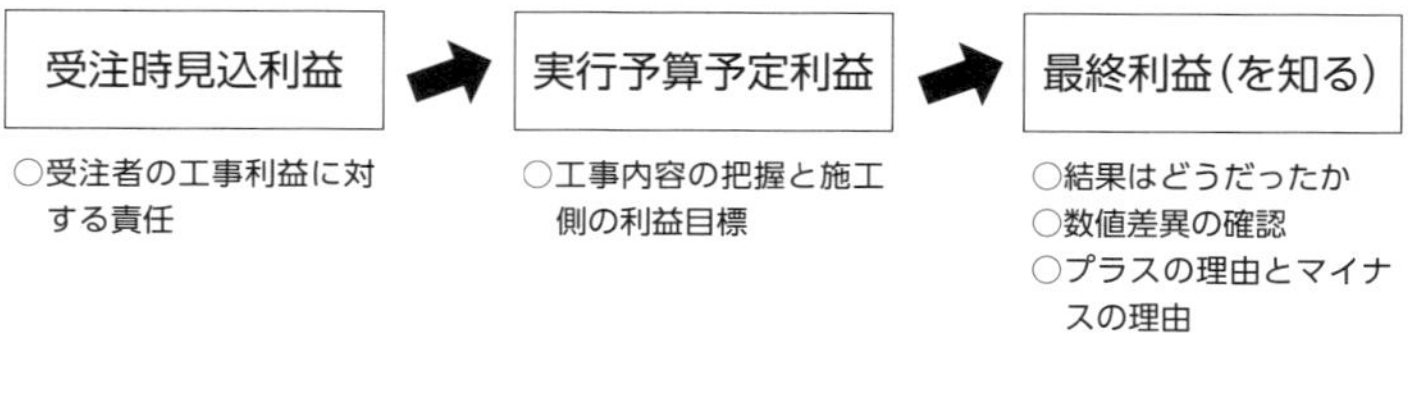

受注時見込利益

実行予算予定利益

最終利益（を知る）

○受注者の工事利益に対する責任

○工事内容の把握と施工側の利益目標

○結果はどうだったか
○数値差異の確認
○プラスの理由とマイナスの理由

## 5 協力業者への値決め⇩発注の実施で利益改善

比較的小規模な建設会社では、協力業者さんとの契約、いわゆる値決めをせずに、毎日の労務費や材料費を出来高のような形で協力会社さんにそのまま支払うケースがあります。リフォーム工事で創業され、住宅の新築にも業務を拡げられ、会社としては事業規模が大きくなっても、協力業者への金額を決める文化がないために、原価がなりゆきで支払われ、売上は上がっても儲からないケースもあります。

そこを、実行予算の作成⇩値決め⇩発注⇩支払と進めば、工種ごとにいくらの予算でいくら余ったか、いくら不足したかなどがわかります。記録として残すことで、原価のかかり具合、積算段階での単価間違い、拾い忘れなど、予算前の問題点もわかることがあります。

**表20**をご参照ください。工種別に実行予算があり、支出金額を最終原価でまとめてあります。契約金額－実行予算で、当初の見込み利益が23・74パーセントと表示されています。最終的に原価支出を集計すると、粗利益が81万８４９８円増加しています。23・74パーセントの見込み利益から26・77パーセントの最終利益で、３・０３パーセントのアップで

## 表20　A邸予算対原価対比表（本工事分）

〈円〉

| 工種名 | 実行予算 | 原価支出 | 余剰金 | 内訳 | 未払金 | 備考 |
|---|---|---|---|---|---|---|
| 仮設工事 | 734,000 | 753,000 | ▲ 19,000 | | | |
| 基礎工事 | 1,200,000 | 1,225,000 | ▲ 25,000 | | | |
| 木工事 | 7,496,900 | 7,215,694 | 281,206 | | | |
| 屋根工事 | 1,050,000 | 1,030,000 | 20,000 | | | |
| 板金、樋 | 202,000 | 205,000 | ▲ 3,000 | | | |
| 左官サイディング | 1,419,000 | 1,529,000 | ▲ 110,000 | | | |
| タイル、石 | 365,000 | 365,000 | 0 | | | |
| 防水工事 | 200,000 | 200,000 | 0 | | | |
| 塗装工事 | 375,000 | 413,000 | ▲ 38,000 | | | |
| 内装工事 | 460,000 | 450,000 | 10,000 | | | |
| 外部建具 | 718,000 | 718,000 | 0 | | | |
| 内部建具 | 261,000 | 261,000 | 0 | | | |
| 電気工事 | 830,000 | 800,000 | 30,000 | | | |
| 給排水、衛生 | 1,000,000 | 1,017,594 | ▲ 17,594 | | | |
| 住宅設備 | 1,480,000 | 1,227,508 | 252,492 | | | |
| 雑工事 | 41,000 | 41,000 | 0 | | | |
| 小　計 | 17,831,900 | 17,450,796 | 381,104 | | | |
| 基本設計料 | 315,700 | 0 | 315,700 | | | |
| 実施設計料 | 339,420 | 429,000 | ▲ 89,580 | | | |
| 各種申請料 | 120,000 | 16,000 | 104,000 | | | |
| 製本料 | 30,000 | 39,300 | ▲ 9,300 | | | |
| 敷地調査料 | 50,000 | 56,200 | ▲ 6,200 | | | |
| 地盤調査料 | 65,000 | 65,000 | 0 | | | |
| 保険料 | 204,680 | 74,223 | 130,457 | | | |
| 保険料JIO | 76,000 | 76,000 | 0 | | | |
| 現場経費 | 75,000 | 82,683 | ▲ 7,683 | | | |
| 小　計 | 1,275,800 | 838,406 | 437,394 | | | |
| 地盤補強工事 | 740,000 | 740,000 | 0 | | | |
| 外部給排水 | 743,000 | 743,000 | 0 | | | |
| 小　計 | 1,483,000 | 1,483,000 | 0 | | | |
| 合　計 | 20,590,700 | 19,772,202 | 818,498 | | | |
| | | | | | | |
| 契約金額 | 27,000,000 | 契約金額 | 27,000,000 | | | |
| 実行予算 | 20,590,700 | 最終原価 | 19,772,202 | | | |
| 粗利益 | 6,409,300 | 最終粗利益 | 7,227,798 | | | |
| 利益率 | 23.74% | 利益率 | 26.77% | | | |
| 現場利益額 | | | 818,498 | | | |
| 現場利益率 | | | 3.03% | | | |

す。この現場利益の増加が、現場担当者にとって数値的な励みになります。これらの数値を把握して、現場担当者の評価につなげることでモチベーションがアップし、会社の粗利益の拡大になり、全体にも好影響を与えられると思います（**表21**参照）。

### 表21　月次　工事原価管理表

未成　A邸新築工事　　　　工事担当　川上

| 区分番号<br>区分名<br>支払先名 | 実行予算<br>注文金額<br>余剰金 | 2016/7月<br>以前<br>累計支出<br>予算残高 | 2016/8月<br>支出<br>累計支出<br>予算残高 | 2016/9月<br>支出<br>累計支出<br>予算残高 | 2016/10月<br>支出<br>累計支出<br>予算残高 | 2016/11月<br>支出<br>累計支出<br>予算残高 | 2016/12月<br>支出<br>累計支出<br>予算残高 |
|---|---|---|---|---|---|---|---|
| 101 | 734,000 | 0 | 700,000 | 0 | 34,000 | 19,000 | 0 |
| 仮設工事 | 753,000 | 0 | 700,000 | 700,000 | 734,000 | 753,000 | 753,000 |
| 山本足場㈱ | -19,000 | 734,000 | 34,000 | 34,000 | 0 | -19,000 | -19,000 |
| 105 | 1,200,000 | 0 | 1,200,000 | 0 | 0 | 25,000 | 0 |
| 基礎工事 | 1,225,000 | 0 | 1,200,000 | 1,200,000 | 1,200,000 | 1,225,000 | 1,225,000 |
| 波多野基礎㈱ | -25,000 | 1,200,000 | 0 | 0 | 0 | -25,000 | -25,000 |
| 110 | 7,496,900 | 0 | 3,000,000 | 500,000 | 1,000,000 | 1,000,000 | 1,715,694 |
| 木工事 | 7,215,694 | 0 | 3,000,000 | 3,500,000 | 4,500,000 | 5,500,000 | 7,215,694 |
| ㈲橋本工務店 | 281,206 | 7,496,900 | 4,496,900 | 3,996,900 | 2,996,900 | 1,996,900 | 281,206 |
| | | | | | | | |
| | | | | | | | |
| | 75,000 | 5,000 | 20,000 | 5,000 | 15,000 | 10,000 | 27,683 |
| 230<br>現場経費 | 0 | 5,000 | 25,000 | 30,000 | 45,000 | 55,000 | 82,683 |
| | -7,683 | 70,000 | 50,000 | 45,000 | 30,000 | 20,000 | -7,683 |
| 予算合計 | 20,590,700 | 5,000 | 6,780,000 | 6,555,000 | 4,700,000 | 985,000 | 747,202 |
| 支出合計 | 19,483,996 | 5,000 | 6,785,000 | 13,340,000 | 18,040,000 | 19,025,000 | 19,772,202 |
| 余剰金 | 818,498 | 20,585,700 | 13,805,700 | 7,250,700 | 2,550,700 | 1,565,700 | 818,498 |

〈円〉

## 6 工事ごとの月次収支の把握で、原価を改善

工期が3カ月以上にわたるような大規模工事については、毎月の収支を管理して、実行予算の進捗状況と残予算の把握をする必要があります。現場担当者を交えた会議で、工種別の予算の消化状況や全体の進捗率を報告します。このとき、必ず担当者が、自分の現場について自分の言葉で報告することが重要です。そうすれば、自ずと支出状況を把握せざるを得ない状況になり、現場の利益の数値に興味が湧き、よりいっそう、利益意識が醸成されます。同僚の担当現場の状況を聞くことも参考になり、全体の連帯感が生まれます。また、協力業者の評価を行うことで、よい業者と問題の多い業者がわかり、現場に適した業者選びの参考にもなります。

さらに、工期の終盤で残予算の支払予定などについて報告させれば、工期遅れなどのトラブルが起きやすい現場も、社長や工事部長が把握しやすくなり、大問題になる前に手を打つことが可能です。このような形で、現場担当者の意識向上を図ることも粗利益アップにつながります。

column 5

## 単独有期事業と一括有期事業

G社では、名古屋本社のお取引のある会社が、遠隔地で支店事務所を建設するため、工事を受注しました。しかし、不幸なことに労災事故が起きてしまい、手続きを進めようとしたところ、一括有期事業では隣接の都道府県の工事は適用になりますが、遠隔地の場合には単独有期事業の届出が必要だと、労災窓口の事務組合で言われました。大きな工事の受注時のみ単独有期事業の届出が必要だと思っていましたが、調べてみると、以下の場合は単独有期事業の成立届が工事ごとに必要なようです。

①請負金額が1億9000万円以上のもの
②概算保険料が160万円以上のもの
③本社所在地の県内および隣接する都道府県の区域外のもの

つまり、大型工事以外はまとめて一括有期事業として手続きをすればよいのではなく、遠隔地の場合には、少額の工事でも単独有期事業として届出が必要だということです。

保険関係が成立した日から10日以内に保険関係成立届を、同じく20日以内に概算保険料の申告・納付の手続きが必要でした。

今回は工事を開始してから1カ月が過ぎており、保険関係成立届を提出していない期間中に起きた労災事故については、その保険給付額の全部または一部を事業主から徴収するとされています。

たとえ少額の工事でも、元請で受注して遠隔地が工事場所の場合、前記のような手続きが必要になります。面倒ですがご注意ください。

## 7 工事完成までのP⇩D⇩C⇩A

ここで、工事完成までのＰＤＣＡサイクル（Ｐｌａｎ：計画を立てる⇩Ｄｏ：実行する

⇩Check：評価する⇩Action：改善する）を見ていきましょう。

【Plan】工事を受注して実行予算を作成⇩承認

【Do】プランにもとづき、協力業者との値決めを行う⇩発注書の発行、施工

【Check】工事の進捗状況と原価の支出の確認⇩残予算の支払予定の確認を経て、工事を完成に導く⇩工事全体の精算

【Action】精算にあたり、工種ごとの予算と最終原価の比較を実施⇩予算オーバーした工種、余剰金の出た工種、それぞれの理由を精査し、次につなげる

最終原価の精算終了後に、よかった点、悪かった点を話し合うことで、優秀な現場監督さんのやり方が学べ、現場担当者の原価に対する意識が高まります。

## 改善事例㉒

### 次の実行予算作成に活かす

年商4億円、年間約20棟の新築注文住宅とリフォーム工事を施工する、H工務店の

利益改善事例です。

この工務店では、実行予算を作成しておらず、積算データを参考に業者からの請求書で支払いをしていました。積算データも実情と少しズレがあり、お客様への見積内訳には使えましたが、実行予算として使うには疑問視される程度のものでした。

私がご提案した改善ポイントは、3つあります。

1つ目は、目標利益率の設定です。まず、全体の計画の中から、新築住宅の目標利益率を23パーセントに設定しました。前々年度は約22パーセント、前年度は平均19パーセントでした。競争受注の物件が増え、今後さらに厳しい受注も見込まれるため、危機意識が働き、改善を図ることを決断されました。

2つ目は、実行予算の作成です。積算の工種ごとに、積算データと実際の支払金額の違いをチェックし、見直しを図りつつ、実行予算を工種別に作成しました。ここでのポイントは、ギリギリの金額に設定した上で、現場経費として一定額を計上し、調整項目として担当者の判断で使用できる予算を設定したことです。

これは、リスクのある受注から自分を守るため、担当者が多めに予算設定するのを避けることが目的です。契約内容の厳しい物件は、それなりに絞った実行予算を組むことで、平均を23パーセントに設定することができました。

3つ目は、実行予算の工種ごとに取引業者から相見積もりを取ったり、労務費割合の高い大工工事は出面（でづら）（1日当たりの人数や日当）を調査したりしました。

その結果、担当者自身が勉強、努力することから始まり、予算の範囲内で業者と金額の取り決めを確実に実行して、発注書を発行するようになりました。

発注書は3枚複写です。1枚目は業者へ発注書として交付、2枚目は発注控として会社で業者ごとに保管・管理、3枚目は業者へ指定請求書として交付しました。従来の業者の自社請求書に替えて指定請求書方式にすることで、追加工事などの契約内容にない仕事を依頼した際に、これまで確実にチェックできていなかった分の請求ができるようになりました。追加工事の契約も、実行予算などができてから業者への発注書を発行する手順となるため、知らないうちに支払いが行われることは、100パーセントなくなりました。

成果は4つです。

1つ目は、ミスやロスがない限り、確実に粗利益予想が立つことです。

2つ目は、そのミスやロスの発生が、担当者だけでなく、社長も含め全員に周知されることになり、都合の悪いこともオープンになることです。なぜ、ミスやロスが起きたか。その原因がハッキリすることで、責任の所在が業者側にあるのか、担当者側にあるのか、設計にあるのか、単純な連絡ミスなのかなど、話し合いの上、支払いが行われる体制になりました。

3つ目は、最大の成果である粗利益率のアップです。正直、私の予想を上回る成果が出ました。現在のシステムに変更して約半年後、8邸が実行予算⇩発注書のシステムで支払い、原価の管理ができました。8邸の平均粗利益率は25パーセントになりました。最高は31パーセント、最低は18パーセントです。

受注時の価格の設定、お客様との追加・変更などの交渉スタートから、1邸ごとに条件が違うなか、平均6パーセントのアップができたこと。目標粗利益を2パーセント上回ったこと。粗利益金額で1邸平均100万円の稼ぎが増えたことなど、大きな成果を上げることができました（**図13**参照）。

4つ目の成果は、工種ごとに実行予算⇩発注金額⇩最終原価支出と資料が出力されるため、予算オーバーした工種、反対に余剰金のたくさん出た工種がわかるようになったことです。さらに、工種ごとの支払先業者名もハッキリするため、今後の実行予

図13　工事ごとの月次決算

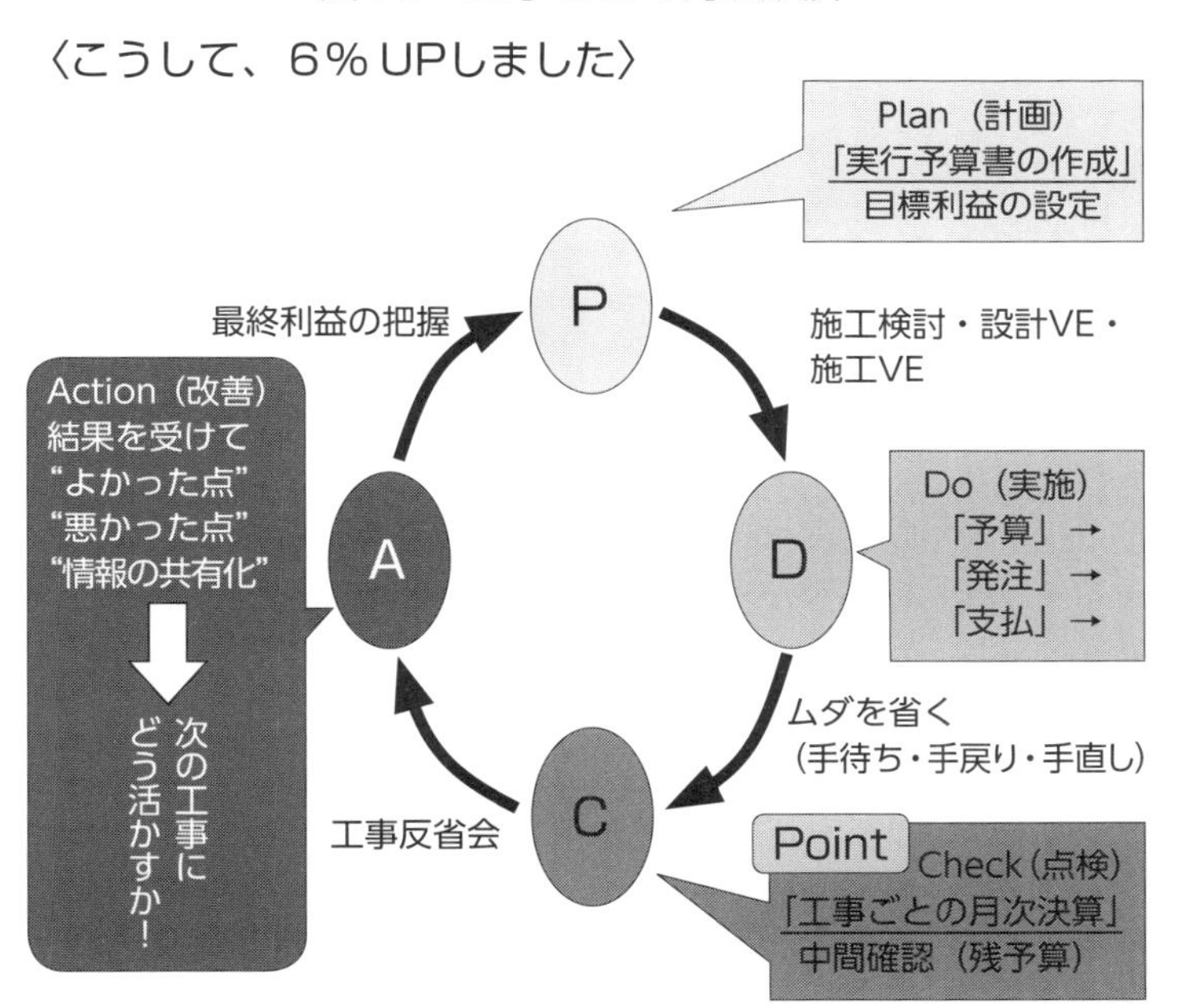

算作成の参考になると現場担当者からも好評です。
スタート前の社内には、予算を立てる体制づくり、業者との値決め交渉など、やったことのない仕事に対する不安や心配も多く、抵抗する社員もいたのですが、満足な結果が出て、専門家に依頼してよかったと、社長にも喜んでいただけました。

## 8 原価低減は現場担当者の腕の見せどころ

ゼネコンなど大手元請会社の公式「請負金額－経費（自社の粗利益）＝原価」という考え方から、大手の下請工事をしている会社では、「工事を施工したが、お金を払っていただけない」「原価割れの金額の発注書で、無理やり工事を施工させられた」「ほかの工事で返すと言われて返されていない」といった、いわゆる目に見えない貸し倒れの経験がある方が多く存在すると思います。私も電気工事会社に勤務時代、何度も煮え湯を飲まされた経験があります。

確かに、下請の立場から泣かされることもあるかと思います。しかし、なぜそんな仕事を受けるのでしょうか。

大きな理由の1つは、安定した仕事の確保です。多少赤字でも、職人さんの仕事を常に確保していたいというのが、経営者の悩みです。でも、多少っていくらでしょうか？　その、いくらなのかが把握できていないのは、経営者としてまずいと思います。

もう1つの理由は、資金繰り上、仕事が止まってしまうことへの不安です。こういった悩みや不安を抱えながらも、日常に流されて仕事を受けているというのが実態ではないかと思います。

私がここで建設的に申し上げたいのは、下請叩きだけでは通用しないということです。無理なお願いでも、必要なときは頭を下げてお願いする。それは否定しませんが、大事なことは、原価管理からの利益意識の向上。そして、原価に対する知識です。

ある会社で、実際に私が目にした光景をご紹介します。工事部長さんが、下請の若い経営者に、材料のこと、工事の施工方法のこと、段取り方法などを説明されていました。つまり、ただ安くやれということではなく、「この予算でも、こういった方法でやればこの金額でできるはず」そんな説得力のあるお話をされていたのです。施工会社を納得させるほどの経験と、原価に対する知識を活かしたアドバイスだと感じました。こういった原価の知識をつける勉強も、現場担当者には必要ではないかと思います。

もう1つ、段取り力の話をさせていただきます。ある下請会社で、私が社長とお話ししていたとき、営業担当者が「○○建設から至急の連絡で、○○工事の見積もりが1000万円で出ていますが、850万円で受けてほしいと言っています。どうしましょう?」と、社長に相談したわけです。社長は、元請の担当者がAさんなら無理だと言って断れ、Bさんなら、何とかさせていただきますと返事するように指示していました。

つまり、Aさんは段取りが悪く、手待ちが発生したり、スムーズに工事が進行しなかったりするので、下請会社としては、粗利益の

図14　大手元請会社の公式

工事原価は時価です

[一般業種]…『原価』+『粗利益』=『売値』

[建設業]…『請負金』−『粗利益』=『原価』

図15　現場担当者の粗利益アップに必要なこと

① 利益意識
② 原価知識
③ 段取り力

薄い工事は赤字が発生する可能性が高いと判断したのだと思います。それに比べて、Bさん担当の工事は、下請側としても段取りよくスムーズに工事が進むので、多少利益が薄くても、人工代などが見積もりより短縮できると思っているわけです。

現場監督の管理力次第で、下請会社の原価に影響が出るわけですから、下請会社のほうで、元請の現場監督さんの評価付けができていることは、重要なことであるといえます（図14・15参照）。

column 6

## 労働保険の種類

労働保険料の一元適用事業と二元適用事業の違いを理解されずに、労働保険料を過大に納付していた建設会社の事例です。

まず、一元適用事業とは、農林水産事業や建設業以外の業種の会社において、労災保険と雇用保険を、1つの事業として取り扱い、保険料の申告や納付などを一元的に処理する事業をいいます。それに対して二元適用事業は、建設業などにおいて、労災保険と雇用保険を別の事業として取り扱い、労働保険の申告および納付を別々に二元的に処理する事業をいいます。

下請工事の場合は、労災保険は元請の労災保険となるため、申告・納付などは不要ですが、下請工事で事業を開始して、元請の工事を受注した段階で、加入手続きが必要になります。自社が元請で労災保険の未加入の会社は要注意です。

また、建設業の場合も、当然ながら、雇用保険の適用基準を満たす労働者は加入が必要です。それとは別に、二元適用事業のため、労災保険の加入が必要です。元請工事高を基準にした現場の労災保険の申告とは別に、事務職・営業職・設計・積算など、事務所で仕事をする労働者は事務労災の加入が必要で、賃金額に応じて労災保険料が必要になります。

話を戻して、労働保険料を過大に納付していた会社は、建設業の二元適用事業ですので、事務労災適用の労働者の賃金分だけ申告すればよいのですが、雇用保険と同様に全員の賃金を申告していたため、今までに数百万円か1000万円以上の保険料が、過大納付されていたと予測されます。

私が気付き、修正の手続きをアドバイスしましたが、法律的に時効があり、2年分

の100万円くらいしか戻りませんでした。それでも、大変感謝された記憶がありま
す。

このように、知らないことが多く発生するのも中小建設業です。会社を守る観点か
らも、会社の担当者が勉強して理解することが難しければ、専門家に依頼してでも正
しい処理をしなければいけません。労災という大きなテーマです。リスク管理上も必
要だと思います。

# 第5章

# 中小建設業は、何に努力すべきかを具体的に知る

# 1 建設業の決算書では、損益分岐点売上高がわからない

損益分岐点売上高とは、なんでしょうか。会計の本などには、会社の利益も損失も出ない収支ゼロの状態と書いてあります。損益分岐点売上高を実際の売上高が上回れば黒字になり、下回れば赤字に転落することになります。

損益分岐点売上高を把握するには、3つの基礎知識が必要です。

まず、変動費。売上高に比例して発生する費用です。物を販売する商店でいえば、仕入原価です。

次に、変動費に対して固定費があります。固定費は、売上高に関係なく発生する経費のことです。販売管理費などが該当します。

最後に、変動費率があります。変動費÷売上高で計算します。つまり、粗利益率のことです。この式を小売業でたとえてみましょう。**図16**をご覧ください。

固定費が200万円かかる商店で、変動費率80パーセントの商品を販売しているとします。この商店の損益分岐点売上高は、固定費200万円÷{1−(800÷1000)}=1000万円となります。

しかし、第3章でお話ししましたが、建設業では使えません。

理由は2つあります。1つは、建設業の決算書の構成にあります。工事原価報告書が工事にかかった変動費だけでなく、固定費も含まれている構成になっているからです。制度会計では、全部原価（フルコスト）で作成することになっています。

もう1つは、赤字の工事もあれば、粗利益率の高い工事もあり、工事ごとの利益率の変動幅が大きいためです（**図17**参照）。

建設業の場合には、工事ごとの粗利益を正しくつかみ、社内で変動損益計算書が作成できるようにすべきだと思います。

以前、税理士さんと銀行の担当者が、ある会社の決算書をもとに損益分岐点売上高について、社長さんに話されて

図16　一般的な損益分岐点売上高

損益分岐点売上高＝
固定費 ÷ {1 − (変動費 ÷ 売上高)}

建設業では使えない理由

①決算書の構成
②１工事ごとの利益率の変動が大きい

粗利益＝固定費

いる場面を見かけたことがありますが、一般的な損益分岐点の話でした。前期の決算時に工事未払金を翌期に繰延したことなど、決算時に調整した事実を知っている自分としては、「間違っています」と口を出したいところでしたが、我慢して後で社長さんに本当の損益分岐点の説明をさせていただきました。

また、私が会社員時代のことです。受講したセミナーで、講師が「売上1000万円、原価が800万円、固定費が300万円で赤字が100万円の会社

## 図17　損益計算書の構成

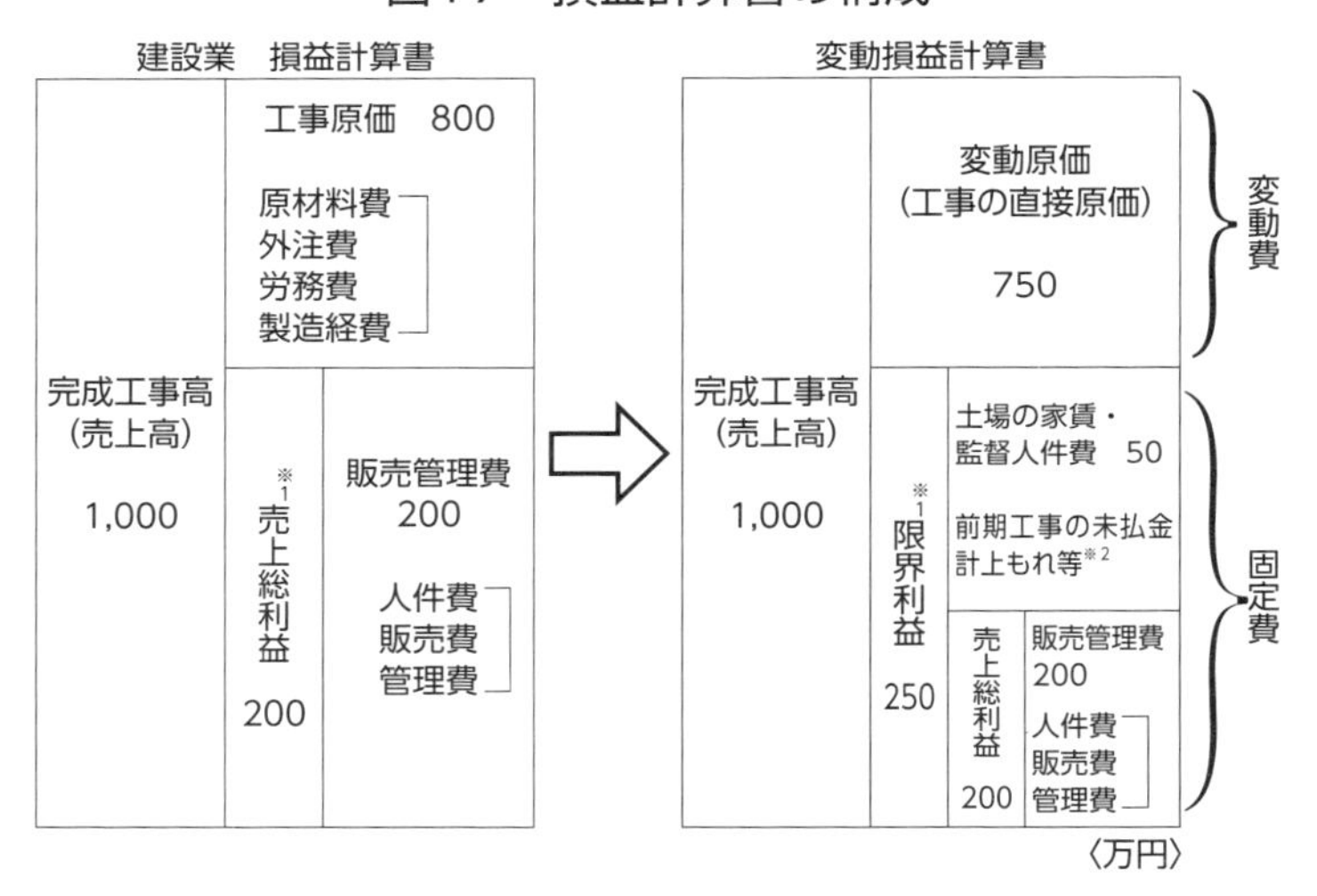


※1　損益分岐点売上高は　200÷{1−(800÷1,000)}＝1,000　ではなく、
250÷{1−(750÷1,000)}＝1,000　が正しい計算になります。

※2　前期損益修正損として特別損失で計上することが正しいのですが、正しく把握することが難しいため、ほとんどの会社では工事原価に含まれています。

があります。この会社の赤字をなくし、収支ゼロの状態にするためには、いくらの売上が必要ですか？」と質問しました。私は自信をもって、「固定費300÷｛1－（800÷1000）｝＝1500」と答えました。私ばかりでなく、参加者の80パーセントは同じ答えでしたが、講師の先生の答えは「わからない」でした。

解説を聞きながら、固定観念でとらえていた自分が恥ずかしくなりました。ただ、経理畑の人間は、私の答えと同じ方が多いようです。つまり、赤字の場合は売上を増やすことという固定観念があるのです。

次節から具体的に数値を入れて、赤字解消のパターンをご説明します。

## 2 赤字を解消し収益を増やすための、4つの改善努力

年間の完成工事高6億円、変動粗利益率21パーセント、固定費1・1億円＋0・26億円＝1・36億円で、当期の赤字が1000万円だった会社を例にします。この会社が、翌期赤字を解消して収支0にするための、4つの改善努力についてご説明しましょう。

粗利益と限界利益はほぼ同じことですが、書籍などで調べると、「売上高－変動費＝限

界利益」「売上－原価＝粗利益」と書いてあります。つまり、「変動利益率＝限界利益率」ということです。したがって、この節の図表では「限界利益」と表示します。

**①赤字の1000万円を収支0にするためには、売上高をいくら増加させればよいか？**

**図18**を参照してください。限界利益率21パーセント、固定費1・36億円は変わらない前提です。1・36億÷｛1－（4・74億÷6億）｝＝6・476億となり、約6・48億の売上が必要となります。

図18　限界利益額の把握①

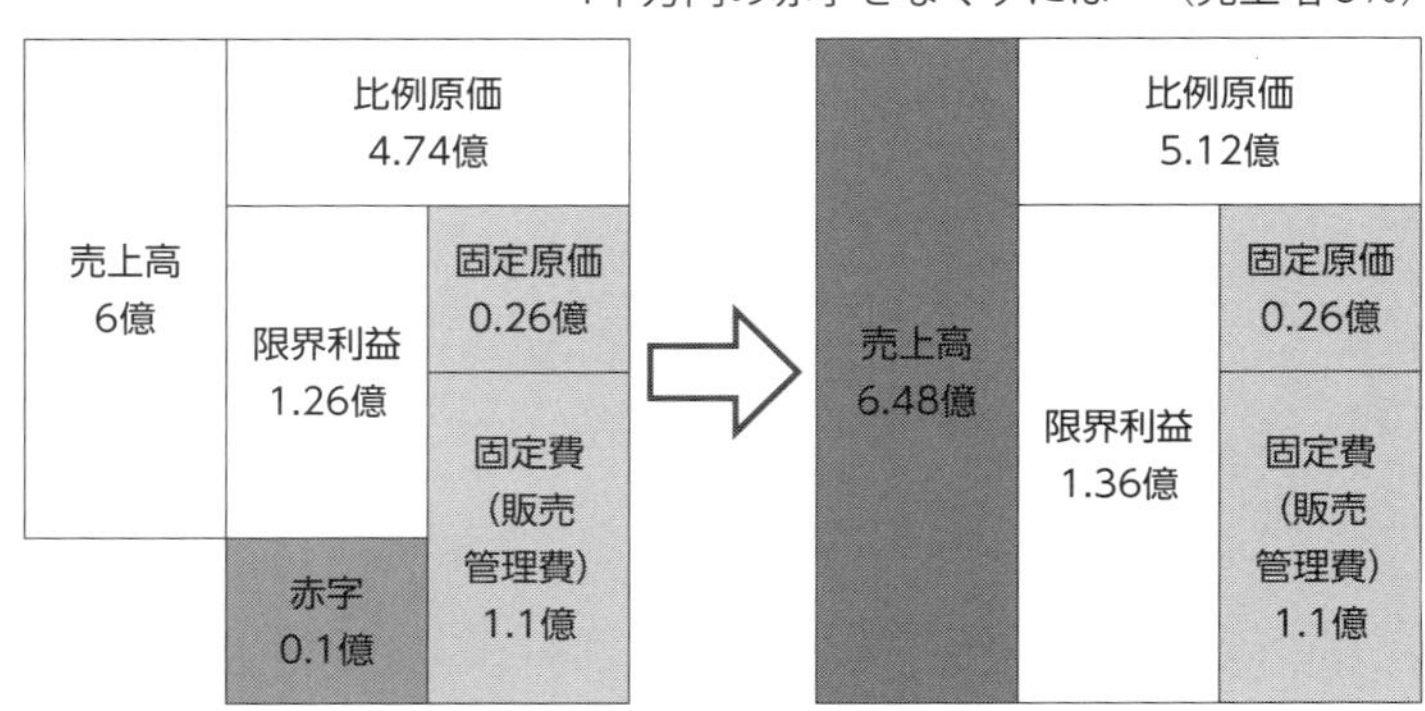


・工事別集計をした完成工事原価は、4.74億（粗利率21%で計算）。
・固定原価0.26億の内訳（土場の家賃、ダンプの減価償却費など）。
・制度会計にとらわれなければ限界利益は、６億－4.74億＝1.26億となり
　損益分岐点売上は、赤字分の0.1億をプラスして1.36億になります。
・1.36億÷21%≒6.48億となります（６億⇒6.48億　8%の売上増）。
・受注拡大・販路開拓（ただし固定費は増やさない前提）

ただし、8パーセントの売上高を増やすために、新規の受注先で名刺代わりに安値受注したり、他社との競合関係で安値受注をしたりすると、前提の21パーセントの限界利益率が崩れ、下方修正になれば8パーセントでは足りなくなると思います。また、固定費の1・36億円も、仕事量が増えて人員の増加などをすれば、たちまち1・36億円を超えて上方修正を余議なくされる可能性があります。

あくまで同じ固定費で、同じ限界利益率で工事を施工した場合の、仮定上の計算になりますが、今より8パーセント売上を増やさなければいけないことは、ご理解いただけたでしょうか。

## ②固定費を減らして、1000万円の赤字を収支0にする

図19をご覧ください。今度は、売上高6億円は変わりません。限界利益率も21パーセントで同じです。それでも1000万円の赤字を0にするために、固定費を削減します。

1・36億円の支出を1・26億円にすれば1000万円減りますが、1000万円減らすのは大変なことです。コピー用紙の裏紙使用や電気代削減など、暗くなる話が増える上、効果に疑問をもたざるを得ません。もちろん、無駄の排除には大賛成ですが、固定費

で1000万円下げるとなると、人件費に手を付ける以外は難しいと思います。

役員報酬の削減などは、経験された方も少なくないでしょう。賞与を減らす、人員を減らすなど、モチベーションが下がる話です。それでも、必要なときには知恵を巡らせ、みんなが我慢をして耐える時期がくるかもしれません。

社長さんが固定費の中身を知ることは重要です。今までの固定費を見直すきっかけにもなります。ある会社では、見直しをした結果、取引もなくなってしまった元請先のゴルフ親睦会の会費

## 図19 限界利益額の把握②

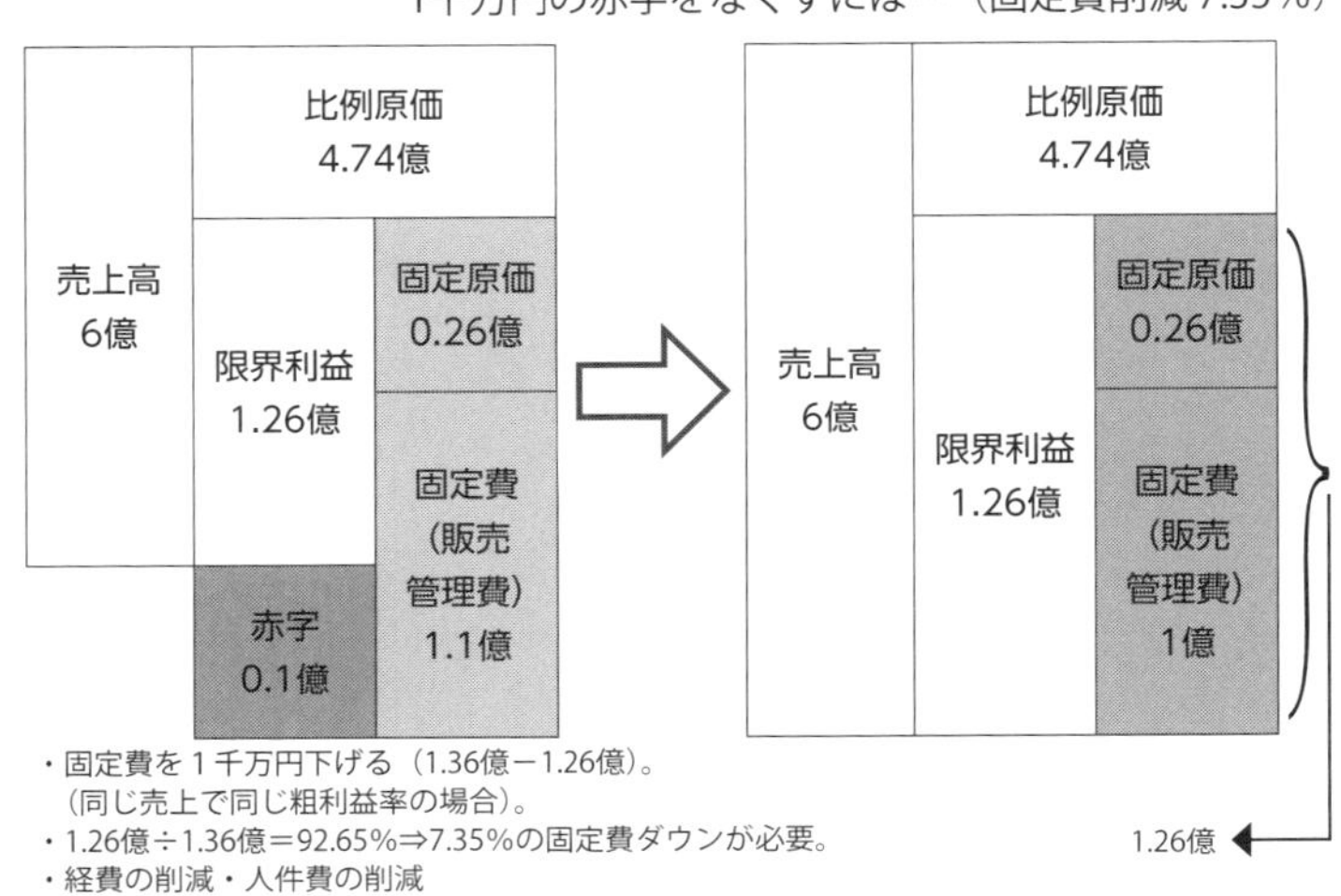

や、使っていない銀行の貸金庫利用料など、無駄な経費の削減ができました。しかし、1000万円には遠く及びません。赤字で銀行から経費の削減をいわれ、人件費の次に多い広告宣伝費を削減した結果、売上が下がってしまった例など、経営者は固定費の中身を熟知してから経営判断を下すことが重要です。

### ③変動原価を減らして、1000万円の赤字を収支0にする

図20をご覧ください。売上高6億円も固定費1・36億円も変わりません。限界利益率を上げる、つまり原価の低減で1000万円の赤字を収支0にする話です。図を見ていただきますと、2・11パーセントの削減をすれば、この会社の1000万円の赤字がなくなるわけです。

仕入コストの見直しも大事ですが、私は一番大事なことは、現場監督さんの段取りの強化だと思います。監督さんの段取りがよく、職人さんがスムーズに作業に従事していただいたときと、現場の指示ミスなどで職人さんが作業に入れない、いわゆる手待ちの状態の場合では、後者のほうが原価が高くなることは明白です。

また、手配が悪く、必要な部材が施工予定日に入荷しないことで職人さんに迷惑をかけ

て、コスト高の要因を作ったり、現場の整理整頓ができていなかったり、現場が汚く道具や資材を探すのに時間がかかったり、作業や打合せの不具合から一旦施工した場所を手直ししたり……。コストが高くなる要因も、安くできる要因も、現場監督さんの手腕にかかる比率が高いと思います。

専門工事の協力会社などと長いお付き合いで、厳しいことを現場監督が言えないケースもあります。相見積もりを実施していない会社もあります。

今まで102万1100円かかっていた原価を100万円に収めることは、売上を増やしたり、固定費削減で賞与

## 図20　限界利益額の把握③

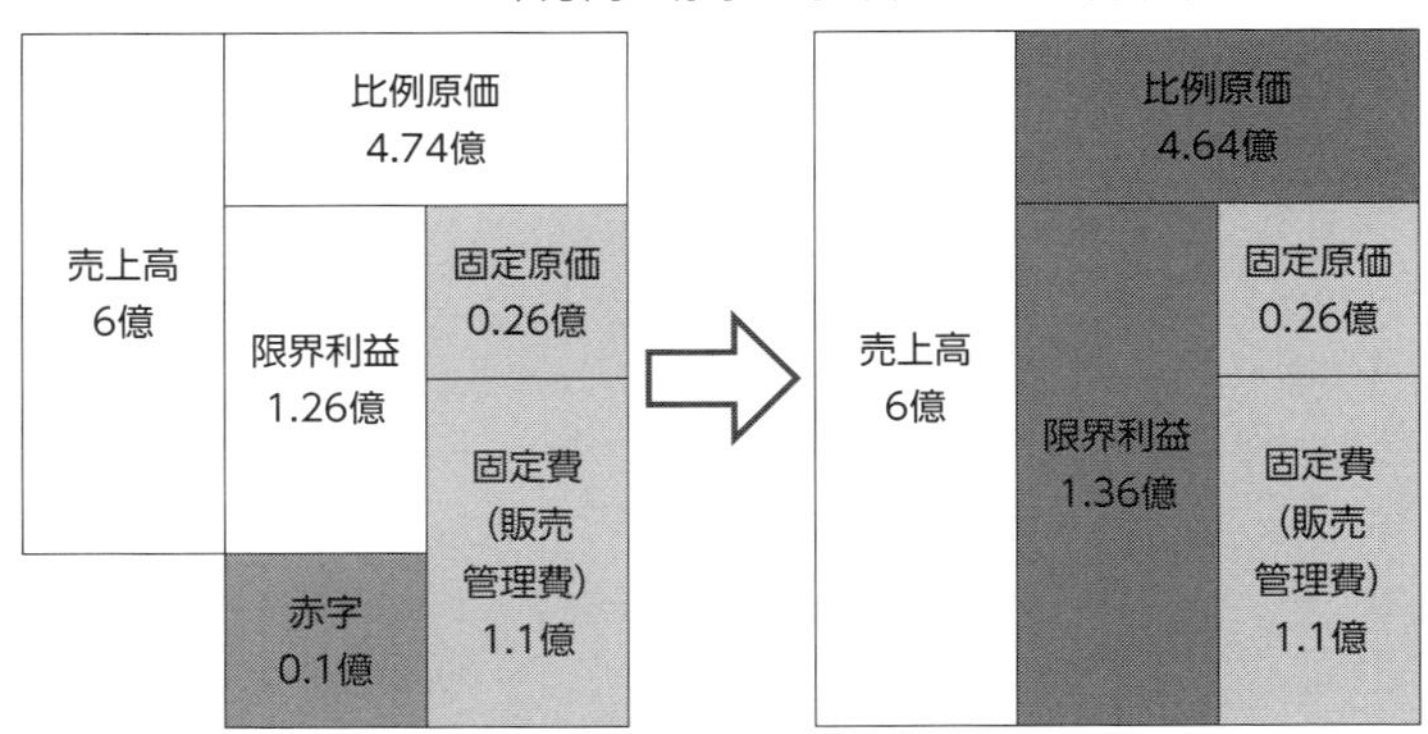


・原価低減の実施（比例原価　4.74億⇒4.64億）。
（同じ売上で同じ固定費の場合）。
・4.64億÷4.74億＝97.89%⇒2.11%の原価ダウンが必要。
・原価管理・実行予算・発注書・仕入・外注コストの見直し・作業の見直し
（工事ごとに目標利益を設定）

が支給されなくなったりすることと比べれば、みなさんの痛みも少なく、改善効果が非常に高いといえるでしょう。ここに努力の要点があると思います。

### ④逸失利益をなくして最終利益に直結させる

売上もれをなくしたり、値引きを減らしたり、施工した追加工事はお金をいただくなどで、1000万円の赤字を収支0にする4つ目の方法をご紹介します。逸失利益をなくして最終利益に直結するお話です。**図21**をご覧ください。

通常、利益を増やすためには、売上を上げる、固定費を下げる、原価を下げる、の3つですが、あえて4つ目をお話しさせていただくのは、みなさんが気付いていないうちに、逸失利益が多く発生している会社が多いためです。

請求書の発行忘れのほか、元請先との契約にない施工を追加工事として行いながら、打合せ不足や交渉力不足でお金がいただけない、いわゆる無料施工のサービス工事が多いことも逸失利益の要因です。

さらに、値引きのルールもなく、お客様からの要請によって、担当者任せで値引き額の裁量権を与えているケースなど、ほかの業種に比べて値引きに対する考え方がゆるい業界であるように感じます。これらは、利益意識の醸成によって社員さんの気持ちが、儲けなければと思うかどうかの差にもあると思います。

あるリフォーム会社の一例ですが、数年前に施工した工事の手直しを行い、サービス工事として処理する社員さんと、「お客様、申し訳ありませんが、この手直し工事は施工後、数年経過しております。弊社の作業についてはサービスさせていただきますが、材料費の原価だけは何とかお願いできませんでしょうか?」と、お客様に交渉して粘れる社員さんの差が、利益意識や会社に対する帰属意識の差であると思い

## 図21　限界利益額の把握④

1千万円の赤字をなくすには…（利益意識の改善 1.67%）

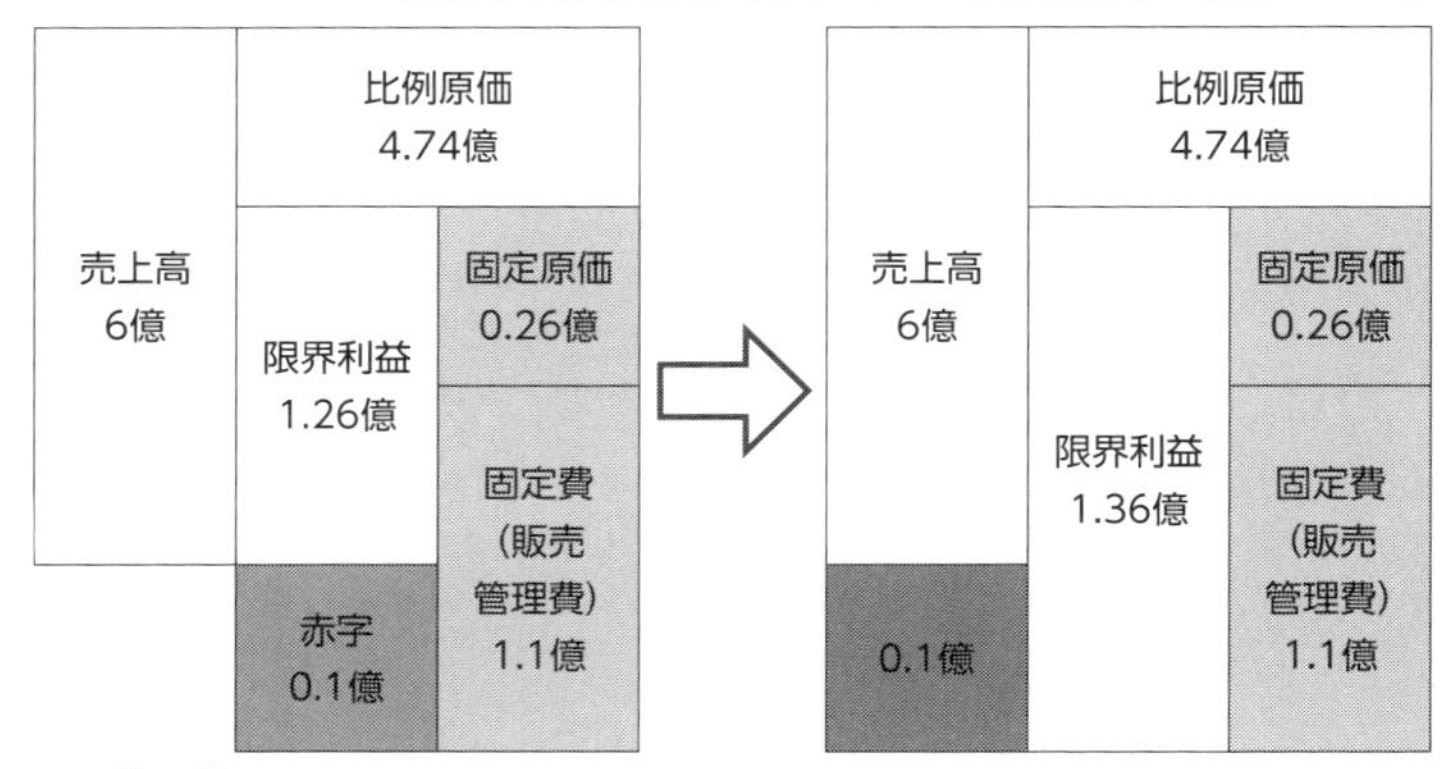


・6.1億÷6億＝101.67%⇒1.67%。
・値よく売る（値引き率の減少）。
・請求もれの防止
・追加工事の別途管理

ます。そんな小さなことで1・67パーセント改善ができれば、1000万円の赤字はなくなるわけです。儲かる建設会社になるためには、大事なことだと思います。

## 3 利益感度分析で、どこを改善すれば利益が増えるか

前節では1000万円の赤字を収支0にするための4つの方法をご紹介させていただきました。もちろん、業種によって答えは違ってきます。変動費がほとんどかからないコンサルタント業や税理士事務所などは、売上を上げることや固定費の削減が効果を発揮すると思います（**図22**参照）。

卸商など利幅の少ない業種では、売上を上げるよりも仕入コストの変動費を下げるほうが効果が大きくなります。**図23**は、売上高1000万円、限界利益率25パーセント、固定費250万円と仮定した場合の収支0の事例です。30万円の営業利益を計上するための利益感度分析を実際にしてみましょう。

まず、売上高は280÷｛1－（750÷1000）｝＝1120になります。12パーセントの売上増が必要なります。固定費削減では220÷250＝0・88になり、12パー

## 図22　利益感度分析

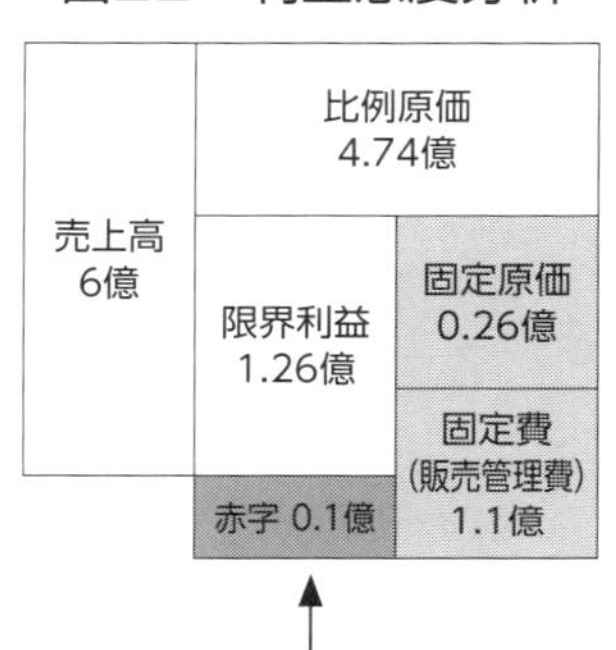


1千万の赤字をなくすには…

**○値引きをやめる**
または、値よく販売、請求もれ、追加利益等
610÷600=101.67% → 1.67%
つまり、1.67%の値引防止が必要

**○原価低減の実施**
4.74億 → 4.64億に下げると
464÷474=97.89% → 2.11%
つまり、2.11%の原価ダウンが必要

**○固定費を下げる**
1.36億 → 1.26億に下げると
126÷136=92.65% → 7.35%
つまり、7.35%の固定費ダウンが必要

**○売上アップ**
売上が8%上がると
648÷600=108% → 8%
つまり、8%の売上アップが必要

セントの削減が必要です。原価低減の場合には720÷750＝0・96、4パーセントの原価低減が必要になります。最後に、値引きなどの防止の場合には、1030÷1000＝1・03、つまり3パーセントの売値のアップが必要です。

このように、自社の変動原価と固定原価を分けていただければ、実際の自社の数値を考える上で参考になると思います。自社の固定費と変動費がわからない会社の場合は、材料費と外注費と自社の職人さんの合計値を変動費と考え、そのほかの工事原価のうち、経費類や職人さん以外

図23　自社の限界利益額を把握して目標設定

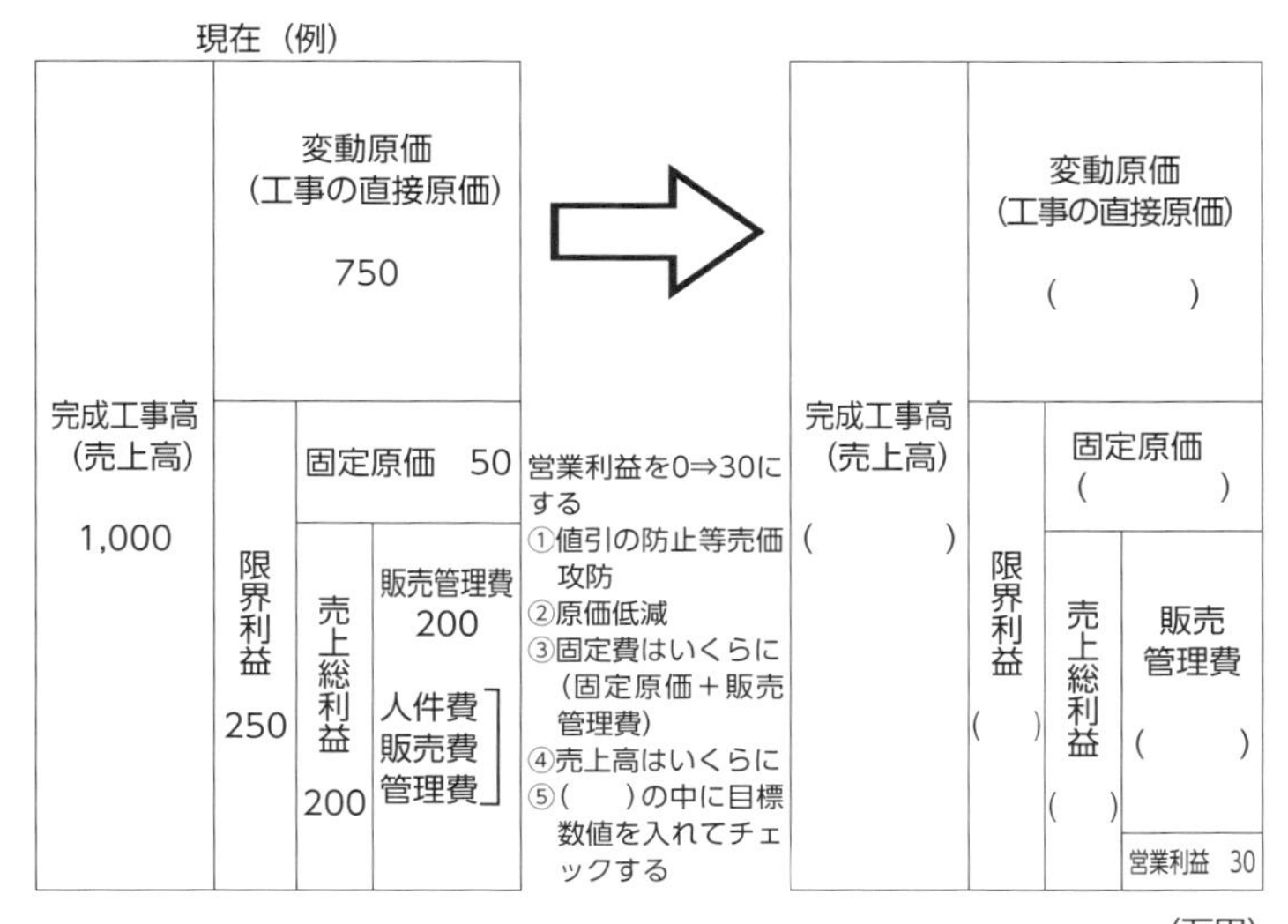

の人件費、販売管理費などを固定費として考えられてはいかがかと思います。
まずは自分でやってみることが自社を知るきっかけになり、自社の改善効果の高いところから重点的に努力をされてはいかがでしょうか。

column 7

## 社会保険の未加入問題

ずいぶん以前から、社会保険の未加入問題が建設業の課題として、社会保険事務所などから指摘されています。

大きく分けて、健康保険（介護保険）、厚生年金、労災保険、雇用保険の4種類があります。すべての保険に加入した場合、給与などの支払総額に対して20パーセントくらいを会社が負担します。

労災保険については前述しました。元請工事の金額に対して工事の種類ごとに料率が決められています。現場労災以外では、事務労災や事業主の特別加入なども必要になる場合があります。

雇用保険については、社員さんの退職時などの給付の問題があります。社員から徴収するのは給与の総支給の0・5パーセント、会社負担が0・9パーセントです。ここまでは負担も少なく加入しやすいため、加入している会社も多いと思います。

当然ながら、社会的な責務や安全書類などの会社の番号記入もあり、加入している会社が多くなりましたが、問題は、健康保険と厚生年金です。会社の社長や幹部職員は加入しているケースが多く見られます。これも、会社の番号を安全書類などに記載する必要があり、まったく未加入も少ないと思います。

健康保険と厚生年金は、給与などの支払総額に対して15パーセントくらいの負担増が会社にかかります。その負担増が、経営を圧迫する部分もあるため、適用社員全員が加入していないのです。しかし、マイナンバー制度が進んで、社会保険と源泉徴収等税務がつながれば、いずれ全員加入となると思います。

ただ、社会保険に加入して労務コストが上がり、赤字経営に転落では困ります。この部分については、最大限の知恵を絞り、最大限の努力を労使ともにする覚悟が必要です。

社会保険の未加入の社員を抱えながら、何の対策も立てず、何も考えないなりゆき任せの経営者も多く見受けられますが、いずれ時代に取り残されると思います。本書をお読みいただいたみなさんには、一日でも早く重要な経営課題に加えてほしいと思います。

固定費は日に見えて増加しますし、抵抗できません。何度もお話ししていますが、儲けを増やすこと、粗利益率を高める努力をして、粗利益額を増やす。固定費の増加に備えることを忘れてしまうと、社会保険に入ったら赤字になったなど、経営危機に陥ります。

次の式をお忘れなく。

粗利益額＞固定費（黒字経営）、粗利益額＜固定費（赤字経営）

# おわりに

限界利益率の20～25パーセントくらいが多い建設業においては、経営不振になると銀行がよく言う、「固定費を下げましょう」とか「売上を伸ばしていただかなくては」よりも、まずは、売上もれや値引き、追加工事などの逸失利益をなくすことや、高値で受注できる工事を増やすなど、売値で頑張っていただき、原価の低減に努力されるほうが改善効果は高いと思います（図24参照）。

そのために実行予算や発注の改善、現場の生産性向上など、工事部の仕組みの改善や売上もれが発生しない社内の仕組みを作ること。そして、会社経営の「見える化」。目標に対してのチェックの仕組み作りなど、計数管理と社内の利益意識の向上が重要であると私は考えています。

図24　中小建設業の経営改善の優先順位

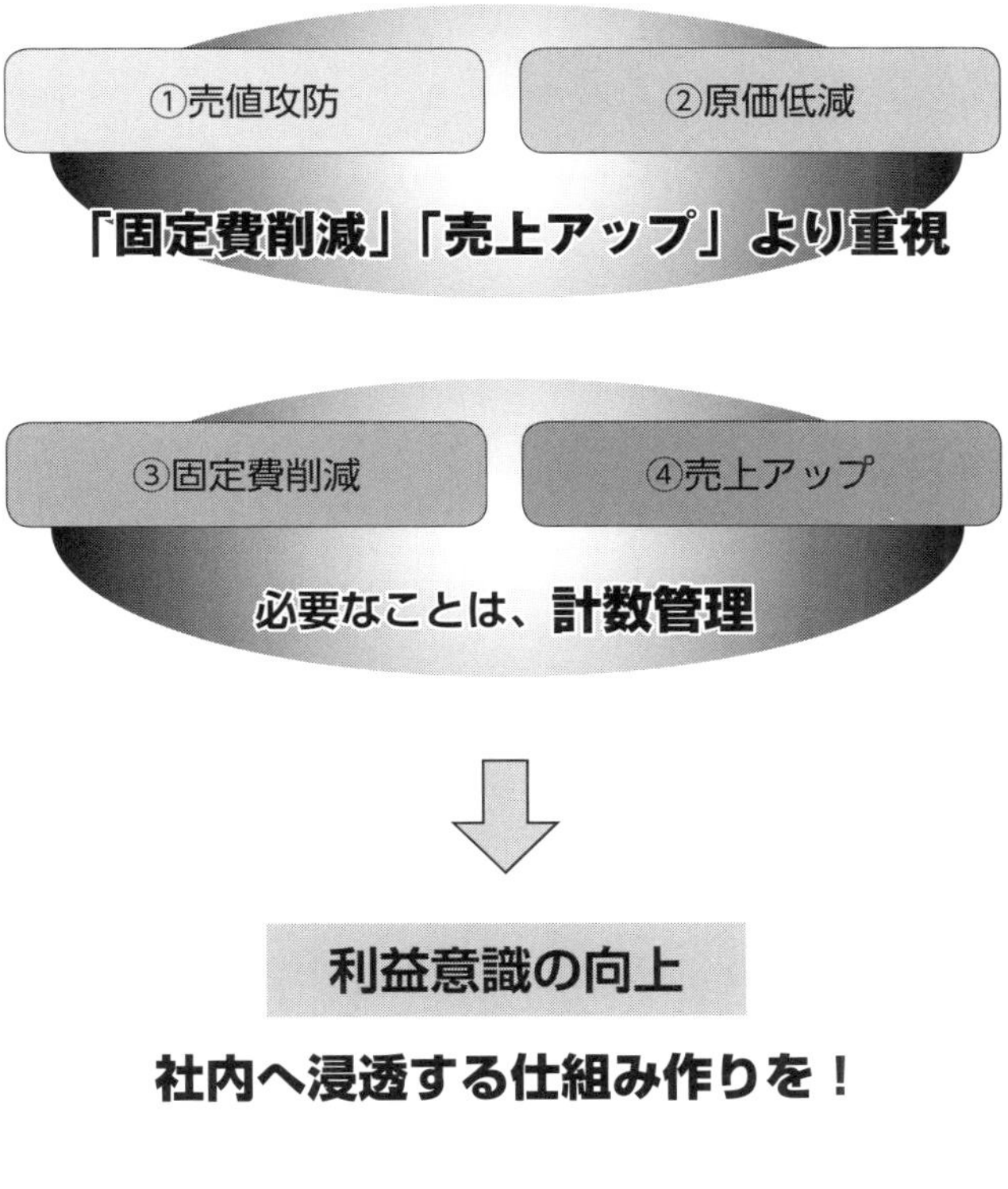

①売値攻防

②原価低減

**「固定費削減」「売上アップ」より重視**

③固定費削減

④売上アップ

**必要なことは、計数管理**

**利益意識の向上**

**社内へ浸透する仕組み作りを！**

不況で受注が少なくなる局面も間近に迫っていると思います。損益分岐点を理解し、損益分岐点売上高を下げる。つまり、変動費の下がる仕組みを作り、限界利益率を上げて売上が下がっても赤字にならないような筋肉質な会社作りを推奨します。

今儲かっていないとお感じの経営者、まだ自分の会社は小さいのでこのような仕組み作りは大きい会社がすることだとお考えの経営者、最後に京セラの稲盛和夫会長の名言から、3つご紹介させていただきます（サイト『リーダーたちの名言集 名言ＤＢ』より）。

・会社が大きくなってから（会計や社内）システムを作るのではなく、小さい頃からしっかりしたシステムを作ったから京セラは大きくなれたし、大きくなっても大きな問題が起きなかった。

・「利益率が1桁でいい」などという考え方は、自分を過小評価していることになる。

・会計がわからなければ、社長は務まりません。

儲かる中小建設業が多くなるように。経営者も社員さんも、元気で幸せを感じる中小建設業が多くなるように。そのために、少しでもお役に立てることをしよう。それが永い間お世話になった業界に対するご恩返しになる、そんな思いで、この本を書かせていただきました。

最後までお読みいただき、ありがとうございました。

２０１７年６月

服部　正雄

【著者プロフィール】

## 服部　正雄（はっとり・まさお）

株式会社アイユート代表取締役
中小建設業専門財務・原価コンサルタント
経済産業省後援ドリームゲート・アドバイザー

大学卒業後、機械メーカー/電気工事業にて取締役経理担当、経営企画担当等を経て2007年４月より株式会社アイユート代表取締役に就任。

長年にわたる実務経験を活かして中小建設業を専門に、“脱！どんぶり勘定”で業績向上を図る支援を中心に活動中。

住宅工務店、建設工事業、土木工事業、専門工事業（基礎外構工事業・給排水設備業・電気工事業・解体工事業・防水塗装工事業）等で原価管理の改善、経営の「見える化」、財務改善等、経営支援実績多数。

社名のアイユートはイタリア語の補佐役的な意味で、建設業会計の仕組みや原価管理の体制ができていない中小建設業の経営者の補佐役として活躍。

経営改善の意欲があり、勉強熱心な中小建設業の若い経営者を多数顧客層にもち、建設業経理に精通した社員の雇用が難しい中小建設業、また特殊な業界であるため顧問の税理士さんが支援し難い部分を、外部の臨時経理部長的な立ち位置で補佐する支援を実施中。

自らも熟年起業家として10年前に起業した経験をベースに、起業家支援も実施中。

## 本書をお読みいただいた<br>みなさんにプレゼント

**特典１**

### メール個別相談を無料で実施いたします。

通常60分１万円（税別）のメール個別相談を毎月先着で３名様に対して無料で実施いたします。原価管理のご相談、経理の仕組み作りのご相談、また、見栄えのよい決算書の作成ポイントなどについてアドバイスさせていただきます。

**特典２**

### 脱！どんぶり勘定レポートを無料で提供いたします。

建設業の原価管理、経理管理等、中小建設業経営の改善に必要な情報を提供させていただきます。

**プレゼントの応募先はこちら**

⇩

**masaichi@m2.gyao.ne.jp**

件名に「読者プレゼント」
と書いて空メールをお送りください。

企画協力　　　笹原　隆生
編集協力　　　山本　哲也
組　　版　　　森　宏巳
装　　幀　　　株式会社クリエイティブ・コンセプト
図　　版　　　森　富祐子
校　　正　　　鈴木　佳代子

# 小さな建設業の脱！どんぶり勘定
## 事例でわかる「儲かる経営の仕組み」

---

2017年7月30日　第1刷発行
2019年7月 5 日　第3刷発行

著　者　　服部　正雄
発行者　　山中　洋二
発　行　　合同フォレスト株式会社
　郵便番号　101-0051
　東京都千代田区神田神保町 1-44
　電　　話　03（3291）5200／FAX 03（3294）3509
　振　　替　00170-4-324578
　ホームページ　http://www.godo-shuppan.co.jp/forest
発　売　　合同出版株式会社
　郵便番号　101-0051
　東京都千代田区神田神保町 1-44
　電　　話　03（3294）3506／FAX 03（3294）3509
印刷・製本　株式会社シナノ

■落丁・乱丁の際はお取り換えいたします。


ISBN 978-4-7726-6092-1　NDC336　188×130